YUNNAN 云南 GAOYUAN 高原 TESE 特色 NONGYE 农业 XILIE 系列 CONGSHU 丛书

YUNNAN HETAO ZAIPEI GUANLI JISHU

云南核桃栽培管理技术

主编◎杨士吉 李 维
本册主编◎方文亮 宁德鲁 杨荣飞 万 勇 赵晓东

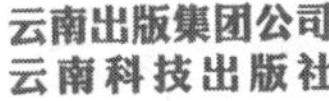

云南出版集团公司
云南科技出版社

图书在版编目（CIP）数据

云南核桃栽培管理技术／方文亮等主编．—昆明：云南科技出版社，2015.11

（云南高原特色农业系列丛书）

ISBN 978-7-5416-9410-3

Ⅰ.①云… Ⅱ.①方… Ⅲ.①核桃-果树园艺-云南省 Ⅳ.①S664.1

中国版本图书馆 CIP 数据核字（2015）第 262374 号

责任编辑：叶佳林
封面设计：向 炜
责任印制：翟 苑
责任校对：叶水金

云南出版集团公司
云南科技出版社出版发行
（昆明市环城西路 609 号云南新闻出版大楼 邮政编码：650034）
云南新华印刷一厂印刷 全国新华书店经销
开本：850mm×1168mm 1/32 印张：7.25 字数：170 千字
2016 年 1 月第 1 版 2016 年 1 月第 1 次印刷
定价：16.00 元

《云南高原特色农业系列丛书》编委会名单

《云南核桃栽培管理技术》编委会

主　编：

方文亮（云南省林科院经济林研究所原所长、研究员）

宁德鲁（云南省林科院经济林研究所所长、研究员）

杨荣飞（云南省林业厅科教处副处长）

万　勇（云南省林业厅副厅长）

赵晓东（云南省林业厅科教处处长）

参与编写人员：

马　婷　刘　凌　肖良俊　吴　涛　贺　娜　徐　田

廖永坚

编　委：段志芬　罗琼仙　陈红伟

审　稿：王平盛

序二

发展高原特色农业是中共云南省委第九次党代会的重大战略决策，对全省农业发展具有现实价值和历史意义。出版《云南高原特色农业系列丛书》，是进一步研究汇聚并总结推广我省发展高原特色农业工作成效的重要实践。

《云南高原特色农业系列丛书》在内容选择上，主要立足全省高原特色农业六大建设、八大行动等实际运行基础，突出了三方面的特点：第一，围绕农业资源禀赋、发展理念创新、理论模式研究、政策措施配套与制度建设等展开研究及其系列书籍出版，从理论视角探究了云南发展高原特色农业的科学依据及其合理性；第二，针对云南高原特色农业中种植业、养殖业、林果业、淡水渔业和农产品加工业等进行了功能集成的编撰，从生产种养与加工的科技角度，配套出版了较系统的技术专项类书籍；第三，以云南 1000 米海拔基准线的地段分类出发，在地域空间上紧扣16个州市的高原特色和山坝特点，编辑出版了高原特色浓郁和富于多样性的农业产业运行的区域型高原农业系列书籍，较好地面向国内外市场宣传了云南的高原农业生产地域，强化了优势农产品的高原地理标志及其特定功效。总体上看，本书系能够结合云南高原特色农业的发展理论，较客观地展示了省委省政府按照科学发展观要求，指导和决策高原农业发展的过程及其实践结果，全书系紧扣高原特色农产品生产与经营体制创新，系列化地出版了100余本涉及大农业领域内种植、养殖、林业、渔业、特色农产品加工等内容的专题书籍。整套书籍的编辑内容全面、出版思路清晰、目标定位准确、研究重点突出、对策建议具有较高的参考价值，从内容的完整性和价值性看，填补了我省高原特色农业发展与研究的出版空白。

《云南高原特色农业系列丛书》在经验总结上，凸显出两个重点：第一，立足全省高海拔农业与科技及体制创新的实践，突出了农业应对市场新要求和新趋势中高原资源优势与现代科技结合，让自然海拔资源能够更有效地通过“资源+科技+体制”模式，推进了特色优势农业发展的新阶段，奠定了云南高原特色农业发展的良好基础。这当中，云烟的成长史折射出云南高原特色农业的发展成就和宝贵经验。第二，依托于高原农业资源开发实践，全书系较好地总结出具有高原农业生产特色的经营经验和模式，在推进全省现代农业建设方面作出了有益的尝试，符合中央农村工作会议精神和国务院关于加快发展现代农业的要求，有助于进一步增强我省农业发展的"软实力"，有利于激发农村生产要素的潜能、增强农村发展的活力、提高农户集约经营水平、壮大农业龙头企业发展。

回顾过去，改革开放以来云南农业发展取得的巨大成就，实质就是高原农产品开发与创新发展业绩的全面体现。展望未来，在全面建成小康社会的进程中，更需要发展高原特色农业，更充分地利用高原农业生产环境来发掘独具特色的云南农业资源优势，顺应市场经济规律，以高原地理标志农产品的多样性、不可替代性和稀缺性生产为导向，不断拓展优势农业的生产规模、不断提高特色农业的发展质量和效益、不断提升全省农产品的市场竞争力，构筑起能够保障云南农民持续增收的高原特色农业生产经营体系，为社会主义新农村建设和全省科学发展、和谐发展、跨越发展作出应有贡献。鉴于此，云南出版集团及其下属单位云南科技出版社联合云南省政府研究室策划了本套丛书，旨在“一带一路”战略建设背景和我省经济发展的新形势下为我省农业经济战略发展提供理论支撑、法律支持和信息参考，推动农业产业发展升级，打造现代新型高原特色农业，提升云南农业综合效益，持续增加农民收入，不断壮大经济实力，为农业发展、生产经营、农业科技提供帮助，为全省农业持续健康发展贡献自己的一份力量。

李　维

前 言

核桃产业是云南林业产业中最重要组成部分之一，也是云南高原特色农业建设和发展中最具特色和亮点的产业。近几年来，云南省的核桃产业快速发展，种植面积已达4100万亩，其产业优势逐渐显现，核桃已成为云南山区的又一重要骨干产业。为了使我省核桃种植户更好地掌握和运用核桃栽培管理的先进实用技术，实现增收致富，在云南省林业厅的帮助指导下，由云南省林业科学院组织专家，编写了此书。本书针对云南省核桃产业发展现状及存在的问题，较为系统地介绍了云南核桃的生物生态学特性、类型及主要优良品种、苗木培育、综合建园技术、土肥水管理、整形修剪、低产林改造、病虫害综合防治、采收与加工，以及薄壳山核桃良种及配套栽培技术等基础知识和实用技术。编写中，按照“技术适宜生产、突出降本增效、内容完整充实，技术先进实用，文字通俗易懂”的原则，在相关知识的集合上，力求做到系统性、先进性、规范性、实用性和可操作性；同时，力求对核桃栽培技术在云南省的推广和普及，对云南省核桃产业的持续、健康发展起到良好的推动作用。由于作者水平有限，编写时间也比较仓促，不妥及遗漏之处在所难免，敬请有关专家、广大读者批评指正。

《云南核桃栽培管理技术》编委会

目　　录

第一章 概 述

云南有得天独厚发展核桃的自然条件及丰富的土地，有世界一流的品种资源、悠久的栽培历史、良好的产业及技术基础，使得云南核桃在世界核桃产业中有着举足轻重的地位。我国现有核桃属植物8种，广泛栽培于山西、河北、新疆等北方产区的是普通核桃（*Juglans regia* L.），而云南种植的核桃主要是我国南方的深纹核桃（*Juglans sigillata* Dode），即铁核桃、云南核桃。

第一节 核桃的经济价值及生态作用

一、核桃的经济价值

云南核桃是一种综合利用经济价值很高的木本油料树种，亦是生产优质材的用材树种。其核桃仁、青皮、种壳、花粉、雄花序、树皮、枝叶及木材均可开发利用。产区的群众说核桃全身是宝，称它为“摇钱树”“铁杆庄稼”“绿色银行”。

（一）核桃仁的利用价值

核桃仁是目前云南核桃树最有利用价值的部分。云南核桃的核桃仁营养十分丰富，每1000g核桃仁中含脂肪700g左右，蛋白质174g，碳水化合物104g，粗纤维素58g，灰分15g，钨1.1g，磷3.6g，铁0.04g，胡萝卜素0.001g，硫胺素0.003g，核黄素0.001g。核桃仁蛋白质中含8种氨基酸，7种矿质元素及多种维生素。核桃仁中的油脂比重为0.92左右，折光率1.47，碘值161.7，酸值5.1，皂甙值194.5，非皂化物0.5%。用核桃仁榨取的核桃油，其饱和脂肪酸仅占10%，不饱和脂肪酸占90%。

核桃仁作为理想的保健食品而被国内外的人们所认识，它具有健脑开窍、补中益气、润肠润肺、生津养血、通经活络、滋阴壮阳、延年益寿的功效。特别对老年人而言，是一种健康长寿的滋补性食品。因为核桃仁具有多种保健功能，从而在历史上形成了许多以核桃仁为原材料加工制作的食品，如核桃蘸、核桃薄脆、核桃仁咸甜罐头、琥珀核桃仁罐头、玫瑰核桃仁片等。

目前核桃仁的加工品种较多，有核桃油、核桃乳、核桃粉、核桃胶囊等。核桃药膳有人参胡桃汤、阿胶核桃，核桃乌发汤、核枣丸等。当前我国经济日益发展，人民生活水平不断提高，群众对食品不但要求品种齐全，而且需要营养丰富且结构合理。近年来，中草药正受到世界的重视，作为中药材之一的核桃仁，必将得到更为广泛的开发利用。

（二）木材的利用价值

云南核桃的木材因色泽淡雅，纹理致密，不翘不裂，材性良好而成为世界性的优良材种。可用作军工用材，是制作高档家具、文具、仪器盒匣、钢琴盖壳，收音机或电视机壳、缝纫机台板的优良材料，亦是客车车厢装饰及雕刻工艺等的最佳用材。

（三）青皮的利用价值

青皮是云南核桃果实的果肉部分。青皮内含胡桃醌植物碱和萘醌等，既有医疗用途又可提制染料。青皮可治一些皮肤疾病及胃神经痛等。此外，青皮可提取棕色染料，可染羊毛及丝织品。

（四）叶片的利用价值

云南核桃树的叶片内含生物化学成分没食子酸、反油酸，以及具高抗炎作用的多酚复化物等，具有一定的医疗价值。很早以前，在我国药方中就有用核桃叶片煮水擦，治全身瘙痒等疾病的记录。

（五）树枝的利用价值

云南核桃树的枝皮含核桃醌植物碱。多年来核桃产区的群众就有用核桃树枝与鸡蛋共煮，吃蛋或喝汁治病的习俗。其对子宫或宫颈癌，乳腺或甲状腺癌等有不同程度的治疗作用。

（六）坚果壳的利用价值

云南核桃坚果的壳称核桃壳。核桃壳主要含氮、磷、钾、钨、镁等元素，还有6%的戊糖及纤维素。目前主要作为锅炉燃料，造成资源的浪费。也可用来炼制活性炭，制成药用炭、针剂炭、净化炭及电镀炭等。这些产品多用于国防和医药卫生事业。以核桃壳为原料提取的棕色素略带清香味，并具有良好的耐热性和抗氧化性，而且提取后的残渣仍可用于生产核桃壳超细粉等产品，是核桃壳高效利用的途径之一。不同粒度核桃壳粉用途非常广泛，可用作金属器件、模具等的清洗和抛光，作为堵漏填充剂，作为高性能过滤材料、高级涂料、高级化妆品及牙膏、肥皂等日化产品。

（七）花粉的利用价值

云南核桃的每穗雄花序有花粉0.13～0.5g。其花粉含有蛋白质25.38%，氨基酸总量21.33%，可溶性糖11.08%。含矿物质（单位 mg/kg）：钾 5883，磷 5775，钨 1330，镁 1296，铝

226.8，铁 91.4，硫 84.92，锌 56.41，锰 35.09，铜 11.11，硼 4.14，钡 2.91，锶 2.55，铅 1.8，钼 1.06，钒 0.8，镍 0.54，镉 0.18，钴 0.17，铬 0.16；含维生素类物质（单位 mg/100g）：尼克酸 28.19，硫胺素（VB_1）4.81，核黄素（VB_2）1.72，维生素 K 1.18，维生素 E 0.44，维生素 D 0.69，β-胡萝卜素 0.15 等。其所含的营养元素丰富，是制作花粉保健食品的宝贵原料。另外云南核桃雄花序经开水焯和冷水浸泡后可拌凉菜吃，也可炒吃。将大量采收到的雄花序经烤干处理后，包装作为生态食品上市，深受人们喜欢。

二、核桃的生态作用

（一）核桃具有强大的碳汇、制氧功能及效益

核桃树龄一般都在 100 年以上，有的达 800 年，成年树一般高 10～20m，有的高达 35m，冠幅 734m^2，核桃根系发达，属深根性树种，在土层深厚的土地上，成年树主根可达 6m，侧根水平生长度可达 14m，侧根生长长度一般大于树冠展枝长度，水平生长范围等于树冠范围的 2 倍。根系主要集中分布在 20～60cm 土层中，约占总根量的 80%，其生物量聚集大，适宜种植范围广，因其果属原生态产品的特质和较高的经济效益，在经营管理上采用生态自然经营法，不砍伐，一生不间断地进行光合作用，进行汇碳、制氧、固定太阳能，减少温室气体排放量、调节大气碳氧比例，应对气候变化，遏止气温升高或过低。

（二）核桃蓄积养分功能及效益

核桃形成的森林蓄积养分功能价值包括：减少土壤流失中的养分价值和枯落物分解增加的土壤养分价值两部分。核桃采用生态法经营管理形成人工林，其根系能够将土壤固定在林地中从而

蓄积土壤中的养分；同时，每年周而复始的抽枝长叶和落叶，枯枝落叶进入土壤腐烂后增加了有机质和矿物质营养元素。

(三) 巨大的水源涵养功能及效益

云南核桃除具有极高的经济利用价值之外，因其树体高大挺拔，树冠庞大，根深叶茂，绿阴爽适并散发出清香气息，能涵养水源，保持水土，净化空气，调节气候，防风固土，是理想的生态经济型兼用树种。

核桃林涵养水源功能价值包括：

(1) 保存降水功能价值=林地每年增加的有效水源量×水库每立方米库容年折旧费；

(2) 缓和洪水功能价值=林地每年增加的有效水源量×雨水利用设施年折旧费；

(3) 净化水质功能价值=林地每年增加的有效水源量×人工净化雨水的成本；

(4) 增加地表有效水价值=林地每年增加的有效水源量×综合水价；

(5) 增加水力发电价值=林地每年增加的有效水源量×每吨水发电的价值。

(四) 净化环境功能价值

1. 吸收二氧化硫（SO_2）功能价值

核桃形成的森林属阔叶林，根据《中国可持续发展林业战略研究总论》，年吸收二氧化硫 5.91kg/亩。

2. 杀菌功能价值

核桃的杀菌功能主要是通过释放的氧气富集在核桃林周围，形成负氧离子，负氧离子具有杀菌功能。

（五）减少地质灾害功能价值

核桃通过根系固定土壤，使山体保持稳定的结构，在雨季截留大量的雨水，减少雨水对地面的冲刷，同时，削减洪峰对山谷的冲击，进而减少地质灾害，并在发生部分灾害时，将砂石拦截在核桃林周围，稳定山谷谷床。

（六）保护生物多样性功能价值

核桃树树冠大，分枝多，形成的森林茂密，为昆虫提供了丰富的食物，同时，为鸟类等野生动物提供了栖息的空间和场所以及捕食猎场，给鸟类等生存创造了条件，形成核桃—昆虫—鸟类等的完整食物链，各昆虫与鸟类之间又形成核桃林内与林外食物网，成为完整的生态系统。

第二节　核桃的发展概况

一、世界及中国核桃概况

（一）世界核桃生产概况

世界五大洲的50多个国家和地区均有核桃分布及栽培，共有23种。根据2011年联合国粮农统计，世界核桃面积7000余万亩，有效益1260多万亩，总产量256万余吨。目前每公顷平均产量2569.47kg。世界核桃主产区是亚洲、欧洲和北美洲，三洲面积最大，产量最多，占世界总产量的97.1%。常年产量在万吨以上国家有20多个，主产国是中国（产量106万吨，占总产量41.1%），美国（产量45万吨，占17.5%），其次是伊朗、土耳其、俄罗斯、罗马尼亚、保加利亚、印度、朝鲜、巴基斯坦、法国、希腊、奥地利、意大利、西班牙、白俄罗斯、墨西哥、智利等国也有一定产量。按年产量排名，中国第一，美国第二，土耳其第三。

在核桃主产国中，美国发展水平较高，其特点是：第一栽培区域化；第二是栽培品种良种化；第三是栽培集约化及机械化；第四是专业化与一体化营销。

（二）中国核桃概况

中国核桃有2000多年的栽培历史，是中国普天核桃（*J. regia* L.）和中国西南深纹核桃（*J. sigillata* Dode）的原产地。我国核桃分布和栽培地域很广，全国有24省（市、区）均有栽培。2012年统计全国有核桃面积5000多万亩（约5亿余株），产量是106万吨。主产地云南3700万亩，陕西675万亩，山西510万亩，新疆420万亩，四川400万亩，河北300余万亩，其他省（市、区）为100余万亩。栽培面积及产量均居世界第一。

中国核桃的特点是面积大、产量低、增产潜力很大。其不足是栽培品种多、投入少、管理粗放、单位面积产量低，平均亩产17～20kg，平均株产1.5kg（美国平均株产150kg，最高280kg以上）。中国核桃只要提高经营水平，增产潜力很大。

二、云南核桃的起源和栽培历史

据《中国果树志·核桃卷》《中国果树史与果树资源》等典籍记载，云南核桃起源于中国云南、西藏、四川和贵州。中国科学院古生物研究所对漾濞县境内出土的核桃化石的鉴定表明，早在公元前16世纪漾江流域就有大量核桃生长。目前在滇西北仍有大片野生铁核桃林和栽培类型并存。这都有力地证明了云南是深纹泡核桃的重要原产地。

关于云南核桃栽培历史，据有关学者考证认为距今3000多年新石器时代所作的苍山岩画上，就有采摘核桃的画面。文字记载则始见于明代白族学者杨鼎所著《南诏通记》，文中记述了宋代段思平利用核桃析字史事："将兴兵，获商遗以核桃一笼，思平取其大者剖之……"说明宋代大理一带已有商品核桃。明代弘治年间（1488～1505年）《贵州通志·物产卷》也记载了云南核桃；明地理学家徐霞客（1586～1641年）1638年在他游历澜沧江和凤庆时记载过："郡境所食所燃皆核桃油……"，证明距今500～600年前云南核桃栽培就达到了一定的规模。

据康熙二十年（1681年）《滇黔志略卷五抄本》记载："胡桃皮薄如纸，山核皮厚可榨油"；康熙《云南通志卷十》记载："核桃，大理漾濞者佳"；《中国果树志·核桃卷》记载：三台核桃由"大姚县三台乡张鹏冲于清康熙年间选出……"。文献证明了距今300年，云南先民已经成功地从深纹铁核桃种群中选育出至今仍在使用的良种漾濞泡核桃、大姚三台核桃，而且已经使用嫁接方式繁殖良种。迄今在大姚、漾濞等地仍能见到树龄在200～500年的嫁接核桃树，这些古树至今仍生长健壮、结实累累。可见，云南核桃采用嫁接繁殖比法国早400多年，比美国早200多年，比我国北方各省均要早得多，是世界上核桃最早采用无性繁殖的地区。

三、核桃产业发展现状

（一）云南核桃种植简况

据统计，到2012年底，云南省核桃面积达3700万亩，产量55万吨，产值165亿元，无论从种植面积、产量，还是产值都位居全国第一。在省内，种植面积遥遥领先于其他各种果树，是云南第一经济林果。

（二）核桃深加工现状

核桃初加工产品目前主要是核桃仁，深加工产品主要是核桃油及系列产品，另有少量的核桃乳、核桃粉和核桃仁加工的方便小食品等产品。云南省在 20 世纪 50 ~ 70 年代主要是卖带壳核桃，1980 年后开始加工核桃仁销售，1990 年后，除加工核桃仁外，还出现了较小规模的核桃乳、核桃油、核桃仁食品等，近年来云南漾濞县已有企业开始利用核桃壳加工活性炭，并有利用铁核桃壳制作工艺品的小型工艺品厂。目前云南核桃仍以核桃果和核桃仁为主要产品进行销售，核桃深加工的产品品种、规模和研发，与“核桃大省”的地位极不相符。云南现有核桃加工企业有舒达有机食品有限公司、云南汇智源食品有限公司、楚雄广泰生物科技开发公司、大理漾濞核桃有限责任公司、南国天然饮品有限责任公司、昌宁县胜江林产品开发有限责任公司等 50 余家。

第三节　云南核桃产业的发展前景

一、云南核桃产业发展的优势

（一）云南省政府重视，群众积极性高

云南省历届各级政府的主要领导都十分重视云南核桃产业的发展。自 1995 年以来，云南省的主要领导曾多次谈到云南的生产潜力在山（94% 是山区），希望在林，突破口是经济林中的核桃。因此，多年来，曾开展了核桃种植基地的建设，施行退耕还林、扶贫攻坚、建设核桃产业等多种项目。2006 年以来，云南省财政每年拨出 1.3 亿元支持核桃的产业发展，同时制定了相关

的政策措施保障核桃产业各项工作的顺利开展。由于核桃市场广阔、价值高，核桃是“摇钱树”“金果果”“铁杆庄稼”“绿色银行”。所以从城市的企业到农村的农户都在租山、买山种植云南核桃，由过去“政府叫种”变成“自己要种”。

（二）云南有优越气候条件和广阔土地资源

云南地处云贵高原，山脉纵横、江河川流，形成多样性的气候和生物环境。云南雨量充沛、阳光充足，多数地区夏无酷暑、冬无严寒，具备种植核桃的气候条件。云南是一个山区省，山地占全省面积的94%。山区耕地资源丰富，面积达2900万公顷。约占云南全省耕地面积的67%。云南核桃在全省16个州市129个县（市）都有分布和栽培，核桃宜林地面积较大。充分利用云南宝贵的气候和土地资源，云南核桃种植业就能实现产业化、规模化经营的目标。

（三）有丰富的核桃良种资源

云南核桃栽培的历史悠久，通过自然及人工选择，培育出了漾濞泡核桃、大姚三台核桃、细香核桃、大白壳核桃、圆菠萝核桃、小泡核桃等20余个核桃品种。特别是漾濞泡核桃、大姚三台核桃，因果实丰产、优质、其坚果壳薄、食味香醇而享有盛誉，畅销中外，是群众喜欢种植的云南核桃优良品种。“八五”及“九五”期间云南省林业科学院用云南核桃及新疆核桃作亲本，培育出的5个早实、早熟的核桃杂交新品种，具有早实、早熟、丰产、优质、树体矮化、耐寒等优点，已在云南省的适宜种植地推广种植约1.5万公顷。“十五”后云南省林业科学院及各州市又相继选育出了一批通过云南省林木品种审定委员会审（认）定的良种，为云南省核桃产业的良种化以及商品品牌化奠定了良好基础。

（四）有宝贵的栽培经验及成熟的科学技术作支撑

云南有上千年的核桃栽培经验。采种、育苗、嫁接、经营管理，以及采果、烘烤、贮藏、加工等在云南省的核桃主产区都积累了一套宝贵的经验，为云南核桃种植业的产业化规模经营提供了基本保障。云南省林业科学院从事核桃科研工作近50年来，除对云南的核桃种质资源进行了较详细的调查研究，评选出漾濞泡核桃、大姚三台核桃、细香核桃等26个品种，并通过杂交育种培育出5个早实核桃新品种外，还研究出了核桃的高效嫁接技术，解决了多年来云南核桃嫁接成活率低的重大技术难题，使核桃嫁接苗能满足种植产业化规模建设的需要。另外云南省林业科学院和各州市科研人员在云南核桃的丰产栽培技术上也已研究出了系统的配套技术措施，从科学技术上确保了核桃栽培的高产、稳定、增效，为云南核桃种植业的产业化规模经营，提供了强有力的科学技术支持。

二、云南核桃的市场前景

目前，世界核桃坚果的总产量为256万吨，人口65亿，人均占有量0.2kg，中国的人均占有量0.3kg，平均消费水平很低。随着世界经济不断发展，人民生活水平不断提高，对核桃（坚果）的消费量会大幅度增高。据联合国粮农组织预测，今后10年世界核桃的需求量将以每年10%递增。故此，世界核桃生产、贸易的发展空间很大。核桃是云南省历来重要的大宗商品。由于云南核桃（坚果）的个大、壳薄、仁色黄白、食味香醇、营养丰富、口感好、品质优良，深受国内外消费者的喜爱，因此供不应求。云南省生产的核桃在国内销往上海、北京、广东、广西、福建、浙江、天津、湖南、湖北、辽宁、吉林、台湾、香港及澳门等地。国外出口日本、意大利、伊拉克、阿联酋、俄罗斯、加拿大、东南亚及东欧等国及地区。因此，核桃的国内外市场前景广阔，这也为云南核桃的产业化规模经营展示出良好的前景。

第二章　核桃的生物学与生态学特性

第一节　形态特征

云南核桃又称漾濞核桃、铁核桃、云南麻核桃，均属我国南方深纹核桃（*J. sigillata*）这个种。落叶乔木，树皮灰白色，老树树皮暗褐色具浅纵裂。侧枝青灰色，小枝青绿色或黄褐色，具白色皮孔，髓心片状。顶芽圆锥形，腋芽扁圆形，芽鳞具有短柔毛。奇数羽状复叶，长60cm左右，叶柄基部肥大，叶痕大而明显，小叶多为7～13枚，顶叶较小或退化似针状，小叶卵状披针形或椭圆状披针形，先端渐尖，基部歪斜，叶缘全缘或具微锯齿，侧脉12～23对，基部脉腋簇生柔毛，表面绿色光滑，背面浅绿色。雄花序粗壮，柔荑状下垂，长5～25cm，每穗柔荑花序具小花100朵左右，每朵小花有雄蕊25枚；雌花序顶生或侧芽状着生，雌花多2～3朵，稀有1朵或4朵，偶见穗状结果，花序轴密生腺毛，柱头两裂，初开时呈粉红色，后变为浅绿色，授粉后变成黑色，枯萎。果实近圆球形，黄绿色，幼果时表面有黄褐色绒毛，成熟时无毛，果面有白色腺点；果核扁圆球形，面有刻纹，内种皮黄白色，极薄，仁黄白色或黄褐色，味香醇。其形态如图2-1所示。

图 2-1　核桃形态

1. 果枝　2. 雄花序　3. 雌花　4. 坚果纵剖面　5. 坚果横剖面

第二节　生物与生态学特性

一、生物学特性

（一）物候特征

云南核桃的物候期，因其生长地的纬度、海拔高度及类型、品种的不同而异。在昆明地区，当气温上升到 9.8℃以后，打破了云南核桃树体的休眠，树液开始流动，开始了一年的生长发育。芽萌动期在2月中旬至下旬，发芽期在3月上旬，展叶期在3月中旬，新梢生长期为3月中旬至5月上旬。雄花初期3月中旬，盛花期3月中至下旬，末花期3月下旬；雌花初期3月中旬，雌花盛期4月上旬，雌花末花期4月中旬。果实迅速生长期4月至5月中旬，硬核期6月下旬，成熟期9月上旬。落叶期11月上旬，休眠期11月中旬至次年2月中旬。从萌动到休眠，云南核桃树体的生长期在300天左右，休眠期约60天。

（二）生长发育期

云南核桃树是长寿树，根据云南核桃树生命周期中各生长发育期所呈现的特点，可将云南核桃树的生长发育划分为四个时期，即：幼树生长期、生长结果初期、盛果期及衰老更新期。在进行云南核桃的栽培管理中可根据树体不同时期的特点采取相应的栽培管理技术措施，以充分调节发挥好树体各个时期的生长发育特点，产生最大效益。

1. 幼树生长期（营养生长期）

云南核桃从一年生嫁接苗种植后到开花结果之前的生长都为营养生长，称为营养生长期，即幼树生长期。这个时期的长短与其类型及品种有关。晚实的云南核桃品种及类型的幼树生长期一般6～14年；而早实云南核桃品种及类型的幼树生长期较之早3年。此时期幼树生长旺盛，一年中有春、夏、秋3次生长，进入休眠期也早，树体木质化也较好，不易受冻害。此期间要及时定干，进行整形修剪，最好使核桃树形成2～3大主枝的开心形骨架，以扩大树冠，同时又要对非骨干枝加以控制，进行回缩或缓放，培养结果枝组，在施肥管理上应以施用氮肥为主，并施适量的磷钾肥，以促进核桃树进入开花结果期。

2. 生长结果初期

云南核桃树从开始结果到大量结果以前，称为生长结果初期。这一时期，核桃树的营养生长和生殖生长同时进行，但仍以营养生长为主。此期间树体生长旺盛，枝条大量抽生，树冠迅速扩大，枝条的分枝角不断开张，显示树体骨架的树形基本定形。晚实云南核桃类型及品种核桃树的生长结果初期约在8~25年生时，早实云南核桃类型及品种核桃树的生长结果初期约在4~7年生时。此时期的施肥管理仍以施用氮肥为主，适量增加磷钾肥比例，N、P、K比例约5∶3∶2，以促进树体扩大和结实逐年上升。

3. 盛果期

其特征是核桃树的果产量逐年增加，达到高峰，并呈持续稳定状态。此期间称为云南核桃的盛果期。盛果期的长短主要与其品种类型及经营水平有关。一般晚实品种类型的云南核桃树在30年生左右进入盛果期，50~100年生达到结果高峰期，80年生前后进入高产稳定期。其盛果期持续时间很长，在立地条件好、栽培管理较好的条件下，其盛果期可达几十年，甚至百年以上。在云南省百年以上丰产的云南核桃树有数千株。盛果期的核桃树与结果量逐年增长的同时，其营养生长仍在缓慢进行，离心生长减慢。早实品种类型的云南核桃树8~10年生进入盛果期。在气候温凉、土壤深厚肥沃的条件下，采取集约化综合栽培措施的云南早实核桃树10~15年生进入果实迅速增长期，20年生后进入果实的高产稳产期，可持续结果15~20年。

4. 衰老与更新期

树干、树皮出现深纵裂，树干具腐朽洞穴，有的骨干枝枯死，可见从干枝的基部或背部发出更新枝，此表现出云南核桃树衰老与更新期的到来。云南核桃树衰老更新期到来的早晚与其种植地的立地条件的好坏、栽培管理水平的高低有关，亦与早实和晚实品种的不同而异。早实品种的云南核桃树一般 50 ~ 60 年生时进入衰老更新期，而晚实品种的云南核桃树约在 100 年生左右开始进入衰老更新期。云南核桃树衰老初期表现出树的顶枝和侧枝逐步枯死，产量也逐渐下降，树冠逐渐变小，树膛内部的骨干枝基部和中上部会发出一些更新枝，通过多次的枯死和更新，树势逐渐衰弱，果实产量急剧下降，甚至丧失经济栽培意义。在此期间栽培管理的主要任务是加强核桃树土壤的肥水管理，同时进行树体整形，砍除枯死的干枝，对树干洞穴用水泥沙浆进行修补，有计划地进行骨干枝的培养更新，以形成新的树冠，而恢复树势。以此能保持核桃树一定的果实产量，以延长其经济寿命。

(三) 生长发育特点

1. 根的生长特点

云南核桃是深根性树种，其树的根系很发达，分布很深广。云南核桃晚实品种盛果期的核桃树（80 年左右），在土层较深厚的种植地，其主根可深达 5 ~ 7m，侧根伸长的半径可达 15 ~ 20m，根幅一般为树冠的 2 ~ 3 倍。1 ~ 2 年生时核桃树的主根生长较快，侧根生长较慢，3 年生后侧根在水平方向上的生长加快。其侧生根系主要分布在 20 ~ 60cm 的土层中。不同品种和类型的云南核桃幼苗根系的生长表现有较大的差异。在同一立地条件下，2 ~ 3 年生的苗木主根根长和根幅，表现出早实品种大于晚实品种。早实品种的云南核桃树发达的根系，有利于树体对水分及养分的吸收。合成贮藏是早实的一个重要基础。云南核桃树具有菌根，能促进树高、干径、根系和叶片的生长。

2. 茎干、枝的生长特点

云南核桃树的枝、茎干在实生苗初期生长缓慢，待胚根较快生长后、胚芽伸出后才慢慢加快。每生长一片复叶，茎干生长就会停滞 4 ~ 5 天。茎干在 7 ~ 8 月生长最快。晚实品种的云南核桃实生苗发生侧枝的年龄较晚，一般在3年以后才开始分枝，而早实品种的云南核桃实生苗分枝早，一年生就有少量分枝，2年生就有大量植株产生侧枝，开始开花结果，第3年就大量开花结果。云南核桃树枝条的生长与树龄、管理好坏的营养状况以及着生的部位等有关。生长势旺的核桃树一年有两次抽梢生长，即春梢、夏梢生长，很少有秋梢。长势差的核桃树一般只有一次春梢生长。云南核桃树的背后枝由于吸水能力较强，生长旺盛，比背上枝强，是不同于其他树种的一个重要特性。成年的云南核桃树外围树冠的枝条多生有混合芽，翌年春其顶芽多萌生成结果枝，侧芽萌发枝延伸，易形成树冠外围结果多，内膛结果少的现象。云南核桃树在落叶后至萌芽初，树枝干受损后容易产生伤流，坐地嫁接的核桃树应先采取“放水”的措施，或避开伤流期嫁接。

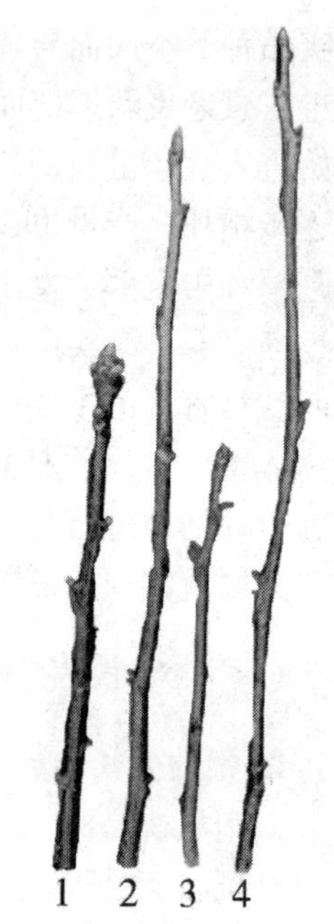

图2-2　核桃各类枝

1. 结果母枝　2. 发育枝
3. 雄花枝　4. 徒长枝

（1）云南核桃树的枝条可分为如下几种（见图2-2）：

①营养枝：又称生长枝，是着生叶芽和复叶的枝条，可分为发育枝和徒长枝两种。发育枝只抽枝不结果，它是形成骨干枝扩大树冠，亦是增加营养面积形成结果母枝的主要枝类。徒长枝由主干或多年生枝上的休眠芽（潜伏芽）萌发而成，直立生长，节间长，生长量大，木质化程度差。根据树体的实际情况，对其营养枝应加以控制，疏除或培育成结果枝组。营养枝是老树更新复壮的重要枝类。

②结果母枝和结果枝：着生混合芽的枝条称为结果母枝，由混合芽萌发抽生的枝条顶端着生雌花的称结果枝。晚实品种的云南核桃树的结果母枝只有顶芽以及2~3个侧芽为混合芽；早实品种的云南核桃树健壮的结果母枝，除顶芽是混合芽外其侧芽均可形成混合芽，所以丰产性能好。

③雄花枝：只有顶芽为叶芽，侧芽均为雄花芽的枝条称雄花枝。雄花枝多为弱枝，在弱树或老树上较多，为果实增产，应适当疏除雄花枝。

（2）云南核桃树的芽类可分为下列几种：

①叶芽：萌发后只抽枝展叶的芽。

②雄花芽：实为雄花序，桑葚状，盛花时呈下垂柔荑花序。雄花芽的多少与树龄、树势强弱等有关。雄花芽太多，会影响果实产量，应加以控制，适量疏除。

③混合芽：又称为雌花芽，晚实品种的云南核桃树的混合芽多着生在结果母枝顶端，或1~3节上。早实品种的云南核桃树健壮结果母枝的顶芽以及各侧芽均可形成混合芽。混合芽圆形，鳞片紧包，萌发后抽生成结果枝，在其顶端开花结果。

④休眠芽：又称隐芽或潜伏芽，位于枝条的基部或中下部。一般情况下不萌发，在枝干受损后才萌发，有利于树体更新。

云南核桃树各类芽的着生与排列方式甚多，有单生或叠生。有雌花芽或叶芽单生；有雌花芽、叶芽叠生；有雌花芽、雄花芽叠生；有叶芽、雄花芽叠生；叶芽叠生；雄花芽叠生等。

3. 开花结果的特点

（1）开花：云南核桃是雌雄花同株异花树种。雌雄花期往往不同，称为“雌雄异熟性”。雌花先开的称为“雌先型”，雄花先开的称“雄先型”；而很少有雌雄花同开的称“雌雄同熟”。晚实品种的云南核桃树绝大多数为雄先型，雄花比雌花早开15天左右，在同一株树上雄花开放亦会有先后，相差3~5天。在漾濞地区其核桃树的雄花期为 3 月上、中旬；雌花期为 3 月下旬至 4 月上旬。

早实品种的云南核桃具二次开花的特点，但数量很少，二次花的类型多种多样，有雌、雄花呈穗状花序，有单性花序，也有雌雄同序，有花序下部是雌花，上部是雄花；极个别有雌、雄同花的。

云南核桃雌、雄花着生部位及外观如图 2-3。

图 2-3　雌、雄花着生部位及外观

（2）授粉与受精：云南核桃属风媒花植物。其花粉在 300 倍显微镜下似一粒金色的豌豆，直径约 40μm×50μm，可随风飘翔达数百米，自然授粉可满足树体授粉的需要。在同一地区、同一品种，应适当配植授粉树。云南核桃花粉发芽率的高低与品种，散粉期的温度、湿度有关。在自然状况下，花序中的花粉及散落在枝干、叶面17～23天后的花粉，发芽率为5.2%～1.3%。花粉的发芽率，随时间推移而逐渐下降。云南核桃花粉在4℃的恒温条件下，可贮藏45天，仍有1.5%花粉发芽率。云南核桃的雌花系单胚珠，当雌花柱头反卷、上面有晶亮的分泌液时，是其授粉的最佳时期。所授花粉萌发后只有极少数萌发的花粉的花粉管能到达胚珠。过量的花粉易引起柱头失水，不利于花粉萌发。受精的雌花在7天左右柱头萎缩干枯，子房逐渐膨大，发育成幼果。云南核桃具有一定的孤雌生殖能力。常见到无授粉条件的孤立核桃树，每年也能结果，坚果也能成熟，且有种胚。云南核桃的孤雌生殖率为0.67%～6.3%；而北方核桃（*J. regia*）的孤雌生殖率在4.1%～43.7%。

（3）果实发育：云南核桃的雌花授粉后约15天合子开始分裂，迅速分化出胚轴、胚根、子叶及胚芽。其从授粉到坚果成熟需要150天左右。云南核桃的果实发育分为四个时期，即：果实速长期——晚实品种的云南核桃树从4月上旬至5月中旬的45天左右为果实的速长期。此期间果实的体积、重量迅速增长，胚囊不断扩大，核壳逐渐形成，仁色白而嫩。硬核期——6月下旬至7月中旬，30天左右，核壳从顶端向基部逐渐硬化，种核内隔膜、褶壁的弹性及硬度逐渐增加，壳面呈现刻纹，硬度加大，核仁渐呈白色，脆嫩。果实大小定型，其内的营养物质迅速积累，油脂迅速转化。油脂转化期——7月中旬至8月下旬，50天左右。已定型的果实营养物质迅速积累，重量仍在增加，核仁不断充实饱满，种仁的水分下降，油脂不断上升，核仁风味由甜变香。果实成熟期——9月上旬至9月中旬，果实重量略有增加。果实青皮的颜色由绿变黄，向阳的果皮会出现红色，有少量果实的青皮出现裂口，坚果容易剥出，果实表现出生理与自然的成熟状态，白露节前后成熟采收。早实品种的云南核桃树的果实生长发育期要比晚实品种的云南核桃树提早20～35天，表现出早成熟、早上市的特点。云南核桃树开始结果的年龄因类型、品种及栽培管理水平而异。一般晚实品种的云南核桃树开始结果的年龄为8～10年，进行集约化栽培管理的5～6年。晚实品种的云南核桃树先开雄花2～3年，才开雌花结果；早实品种的云南核桃树2～3年开花结果（异株授粉），而结果1～2年后才有雄花。成年的云南核桃树以健壮的中、短结果母枝坐果率较高。晚实品种的云南核桃树在同一个结果母枝上以顶芽及第1、2侧芽结果最好。其坐果结实的多少，与品种、种植地环境条件、树体营养状况等密切相关。晚实品种的云南核桃树一般每果序结果1～4个，多为2～3个，其比例达60%以上，也有极少数果序结果5～6个。早实品种的云南核桃树每果序结果1～3个，多数2个，占50%左右，亦有极少数果序结果4～6个，甚至还有穗状结果。云南核桃树的结果枝，有80%以上的果枝具连续抽生、连续结果的习性，随树龄的增加，其结果部位迅速外移，果实产量集中在树冠外沿，内膛结果较少。

二、生态学特性

云南核桃分布区内的气温悬殊，年均温从4.7℃的德钦县到21.1℃的勐腊县。而分布区的海拔高度差异亦巨。从云县的1200m到德钦县的3600m均自然分布着云南核桃。表明云南核桃这个树种对自然条件有较强的适应性。以下对影响云南核桃生长发育的几个主要生态因子作分述。

（一）对气温的要求

云南核桃是喜温的阳性树种，属温带干果树种。不同的云南核桃类型和品种对温度的要求不同。如泡核桃类型中的漾濞泡核桃、大姚三台核桃、华宁大白壳、砂壳核桃、昌宁细香核桃等要求年均温在12.7～16.9℃，最适年均温在15℃左右。一些铁核桃和夹绵核桃类型的单株或品系能生长在年均温 5 ~ 17℃ 的地区。过高或过低的温度都不利于云南核桃树的生长、开花结果。在 2 ~3 月遇到-4℃左右的低温时，云南核桃树萌发的芽、花及叶易受冻害而枯萎。在年均 19℃ 左右的地区，因核桃树营养生长过旺，而生殖生长较差，导致结果少或不结果。

气温与纬度和海拔高度有密切的关系，故不同纬度地区的云南核桃的垂直适生范围也不同。云南省主栽的一些云南核桃良种，所生长的海拔高度为 1600 ~ 2200m，而适宜的海拔高度为 1800 ~ 2000m，在此垂直带内云南核桃树生长良好。

同一品种在低纬度地方种植时，其种植地的海拔高度应适当升高，而在高纬度的地区种植，其种植地的海拔高度应适当降低，以符合云南核桃树对温度的要求——温凉。

（二）对光照的要求

云南核桃是喜光树种，其种植地全年日照量不应少于 2000h，若低于 1000h 则树体生长、结果不良，影响核壳、核仁的发育及坚果的品质。日照充足利于云南核桃树当年的萌芽、展叶、抽梢、开花结果，对其果实产量、质量的提高极为有利。光照不足，种植过密而郁闭的核桃园，云南核桃树的生长、结果差，果实产量低，只有边缘树结果；同一株树只有外冠结果，内膛结果很少。因此，在选择云南核桃种植园地，确定种植的株行距及对树体进行整形修剪时，应考虑到云南核桃树要有充足的光照条件。

（三）对水分的要求

云南核桃要求较湿润的条件。云南省云南核桃主产区的年降雨量为 800 ~ 1200mm，在冬春雨量较多的年份，其核桃树生长良好，产果量高，质量好，病害也少。在雨量少的地区或是冬季雨量较少的年份，应搞好云南核桃种植园地的水土保持工作，旱季适量灌水，减少因干旱造成核桃树的落花落果，生长不良。云南核桃又是不耐水涝的树种，土壤水分过多、通气不良，会使核桃树的根系生理机能减弱，造成生长不良，甚至根腐而死。因此，在积水地种植云南核桃须开沟排涝。在选择云南核桃种植地时应尽量选择能灌能排的地块，以便进行排灌管理。

（四）对地形地势及土壤的要求

云南核桃树适于在坡度平缓、土层深厚湿润、背风向阳的立地条件下生长。若在坡度较陡的阴坡，迎风坡面上，或在地下水位高、土壤黏重等的地块上种植，其核桃树往往生长不良。云南核桃喜疏松肥沃的土壤，在地下水位丰富、排水良好的土壤上，其根系生长旺盛；云南核桃宜在微碱微酸性土壤上生长，土壤的pH 值为6.3～8.2，最适为6.4～7.2；云南核桃喜肥，对其种植地应增加土壤中有机质的含量，多施农家肥，适量施用化肥。

（五）对风的要求

云南核桃是抗风力较弱的树种，风也是影响其核桃树生长发育的因素之一。在冬、春季节多风的地区，生长在迎风坡面上的云南核桃树，由于风的频繁有力，影响到树体的发育和开花结果。选地及栽培时应加以注意。选风较小的地块为种植地或在种植园地周围营造防护林等，但适宜的风量、风速能有利核桃树的授粉，增加果产量。

第三章 云南核桃主要类型及优良品种

我国核桃属植物有3组8种，即核桃组、核桃楸组、黑核桃组；其中核桃组有核桃（*J. regia* L.）和深纹核桃（*J. sigillata* Dode）2个种，核桃楸组有核桃楸（*J. mandshurica* Max.）、野核桃（*J. cathayensis* Dode）、河北核桃（*J. hopeiensis* Hu）、吉宝核桃（*J. sieboldiana* Max.）和心形核桃（*J. cordiformis* Max.）5个种，黑核桃组只有黑核桃（*J. cordiformis* Max.）1个种。云南核桃分为泡核桃、夹绵核桃、铁核桃三个类型。

截止到2014年底，云南省可利用的核桃资源已达137个，其中深纹核桃136个，包括2个采穗基地，50个采穗圃，23个优良品种，63个优良无性系；普通核桃1个，为优良无性系。云南省林木品种审定委员会已对我省67个核桃优良品种进行了审（认）定。本章节主要介绍云南传统优良品种20个，审认定实生选育优良品种47个，杂交选育良种9个和1个引进品种。

第一节 云南核桃类型

一、泡核桃类型

泡核桃（又称茶核桃、绵核桃、薄壳核桃等类型）多为嫁接繁殖，少数实生。该类型的核桃树一般树干分枝较低，侧枝向四周扩张，树冠庞大成伞形或半圆球形，果枝密集，结实量高。树皮粗糙，裂纹较深，小枝棕黄色，侧芽大而圆，小叶黄绿色呈长椭圆状披针形。果实扁圆形，外果皮光滑，黄绿色，有黄白色斑点。坚果种壳厚0.5～1.1mm，用手可捏开；内褶壁明显而不发达，内隔膜纸质或膜质，种仁容易整仁取出。出仁率55%～56%，种仁含油率70%左右，味极香，具有很高的经济价值。该类型可细分许多品种。目前有一定经营规模和经济收入的品种有30多个。不同品种，分布在不同的适宜地区。目前推广发展的主要良种是漾濞大泡核桃和大姚三台核桃两个品种。

二、夹绵核桃类型

夹绵核桃（又称二异子核桃或称中间核桃类型）多为实生品系，少有嫁接繁殖。它的果实性状介于泡核桃类型与铁核桃类型之间，为中间类型。坚果出仁率40%～45%，壳厚1.1～1.3mm，种仁含油率70%左右。此类型的品种区分较粗放，名称不一。有的品种适应性强，在生长地立地条件较差的情况下，仍能获得较高的果产量。夹绵核桃类型在云南省分布很广泛。

三、铁核桃类型

铁核桃（又称坚核桃、硬壳核桃、野核桃等类型）为天然实生种。其核桃树的树干通直高大，分枝高、角度小，树冠小，果枝少，果实产量低。树皮灰褐色，裂纹浅。小枝绿色有绒毛，皮孔大而突起，侧芽小而尖，小叶阔披针形，深绿色，有明显的锯齿。果实多为椭圆形，略尖，外果皮深绿色，粗糙，有红毛和黄色斑点。坚果壳厚（1.3mm以上），刻纹深密，内褶壁发达，内隔膜坚实骨质，种仁少，很难取出，出仁率25%～30%，种仁含油率70%左右，油香，经济价值较低。该类型没详细区分品种。铁核桃类型的植株适应性强，生长势旺。其坚果除榨油外，多用作培育砧木苗及制作各种工艺品。铁核桃类型在云南省各地均有不同程度的分布。

第二节　主要栽培品种

一、农家栽培品种

云南省林业科学院于 1964～1968 年在对云南省核桃种质资源调查的基础上，经分析、评比、鉴定，筛选出 20 多个农家核桃栽培品种。

（一）漾濞泡核桃

漾濞泡核桃（又称大泡核桃、茶核桃、绵核桃）为云南早期无性优良品种，已有 2000 多年的栽培历史。主要分布在漾濞、永平、云龙、昌宁、凤庆、楚雄、保山、景东、南华、巍山、洱源、大理、腾冲、新平、镇沅、云县、临沧等地，垂直分布范围为 1470～2450m。

坚果扁圆形，果基略尖，果顶圆，纵径 3.87cm，横径 3.81cm，侧径 3.1cm，粒重 12.3～13.8g。果面麻，色浅，缝合线中上部略突起，结合紧密，先端钝尖，壳厚 0.9～1.1mm。内褶壁及横隔膜纸质，易取整仁。核仁饱满，味香不涩。核仁重 6.4～7.9g，出仁率 53.2%～58.1%。核仁含油率 67.3%～75.3%（不饱和脂肪酸占 90% 左右），含蛋白质 12.8%～15.13%。一年生嫁接苗定植后一般 7～8 年开花结果。丰产树盛果期株产坚果 100kg 左右，高者达 250kg，每平方米树冠投影面积产仁量 0.18～0.22kg。

漾濞泡核桃树的树势较强，树姿成圆头形。树冠直径 15m 左右。分枝力盛果期为 1∶1.36，随树龄的增大而降低。新梢黄褐色，背阴面呈黄绿色，皮孔白色；长 6.2cm，粗 0.9cm。顶芽圆锥形，第一、第二侧芽圆形，基部侧芽扁圆形，贴生，无芽距和芽座。小叶 9～13 枚，多 9～11 枚，椭圆状披针形，顶端渐尖，顶端小叶多歪斜或退化。雄先型。雄花较多，雄花序长 8～25cm，每雄花序有 90～120 朵雄花。每雌花序有雌花 1～4 朵，多为 2～3 朵，坐果率 81%。以顶芽结果为主、侧花芽率 10% 以下。结单果率 14.5%，结双果率 45.1%，结三果率 39.1%，结四果率 1.3%。在漾濞，漾濞泡核桃树 3 月上旬发芽，3 月下旬雄花散粉，4 月中旬雌花盛开，9 月下旬坚果成熟采收，11 月上旬落叶。有枝干害虫轻度为害，无严重病害。

该品种的植株长寿，丰产，品质优良，是果油兼优的优良品种，被评为我国第一个优良品种，是云南省多年来大力发展推广的优良品种之一。目前，栽培面积已达 200 多万亩。该品种适宜在滇西、滇中、滇西南、滇南北部，海拔高度 1600～2200m 的地区栽培。最适海拔高度 1700～2100m。漾濞泡核桃如图 3-1 所示。

图 3-1　漾濞泡核桃

（二）大姚三台核桃

大姚三台核桃（又名草果核桃）主要分布在云南省大姚、宾川及祥云等地，后来发展到新平、双柏、武定、昆明、楚雄、南华等县（市）。垂直分布范围为1500～2500m。

坚果倒卵圆形，果基尖、果顶圆，纵径3.84m，横径3.35cm，侧径2.92cm，重9.49～11.57g。种壳较光滑，色浅，缝合线窄，上部略突，结合紧密，尖端渐尖，壳厚1.0～1.1mm。内褶壁及横隔膜纸质，易取整仁。仁重4.6～5.5g，出仁率50%以上。核仁充实，饱满，色浅，味香醇、无涩味。仁含油率69.5%～73.1%，含蛋白质14.7%。一年生嫁接苗定植后7～8年结果。盛果期平均株产果80kg，高产达300kg，每平方米树冠投形面积产仁0.25kg左右。

大姚三台核桃树的树势旺，树体大，树姿开展。盛果期冠径达13.4～21.8m，结果母枝平均抽梢1.32个，新梢绿色或深绿色，长8.0cm。顶芽圆锥形，顶端1～2侧芽圆形，腋芽扁圆形，无芽柄芽座。小叶7～13枚，多为9～11枚，椭圆状披针形，顶端渐尖。雄先型。雄花序较多，长10～25cm，每雄花序着生小花100朵左右；每雌花序有雌花1～4朵，2～3朵居多，占75%。以顶芽结果为主，侧花芽占10%左右。坐果率73.6%，每果枝平均坐果1.92个，其中单果率31.2%，双果率45.2%，三果率23.2%，四果率0.4%。在大姚地区，大姚三台核桃树3月上旬发芽，4月上旬雄花散粉，雌花显蕾，4月中旬雌花盛开，4月下旬幼果形成，9月下旬坚果成熟，11月下旬落叶。有轻度的树干害虫为害，无严重病害。云南大姚三台核桃如图3－2所示。

该品种的植株长寿，果实高产，是果油兼优的优良品种，被评为我国第二个核桃优良品种。是云南省大力推广的优良品种之

图 3-2　大姚三台核桃

一。该品种适宜在滇中、滇西、滇西南、滇南北部，海拔高度1600～2200m 的地区栽培。

（三）保山细香核桃

保山细香核桃（又名细核桃）为云南省早期无性繁殖优良品种之一。主要分布在滇西昌宁、龙陵、保山、施甸、腾冲等地，其分布地的海拔高度 1650～2200m。

坚果圆形，果基和果顶较平，纵径 3.3cm，横径 3.3cm，侧径 3.2cm，重 8.9～10.1g。果面麻，缝合线较宽、凸起，结合紧密，尖端钝尖，壳厚 1.0～1.1mm。内褶壁和横隔膜纸质，易取整仁。仁重 4.7～5.8g，出仁率 53.1%～57.1%。核仁充实饱满、色浅、味香，含油率 71.6%～78.6%，含蛋白质 14.7%。一年生嫁接苗定植后 5～6 年结果，盛果期平均株产果约 85kg，每平方米冠幅垂直投形产仁量 0.18kg。

保山细香核桃树的树势强，树姿开张，成年树的树冠直径达 13.5～21.8m。发枝力为 1∶1.53。小枝黄褐色，长 5.1cm，粗 0.88cm。顶芽圆锥形，第一、二侧芽圆形。小叶 7～11 枚，多为 9 枚，椭圆状披针形，叶尖渐尖，顶端小叶多歪斜或退化。雄先型。每雌花序着生雌花 2～3 朵。每果枝平均坐果 2.5 个。单果率13.4%，双果率28.9%。三果率51.8%，四果率5.99%。在产地保山，细香核桃3月上旬发芽，3月下旬雄花散粉，4月上旬雌花盛开。9月上旬坚果成熟，比一般品种早10天左右。10月下旬落叶。细香核桃如图3-3所示。

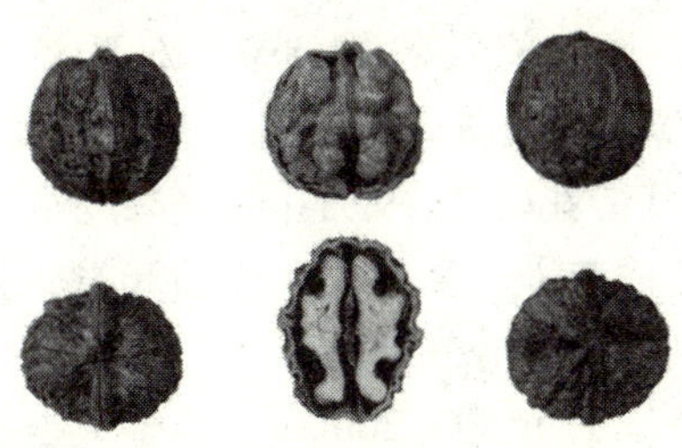

图3-3 细香核桃

该品种坚果较小，外观较差，但丰产性好，仁味香醇，坚果出仁率及仁含油率较高，适宜作加工品种。该品种适宜在滇西、滇中、滇西南、海拔高度1600~2200m的地区栽培。

（四）华宁大白壳核桃

华宁大白壳核桃为早期云南核桃无性繁殖品种。主要栽培于云南省华宁县。其分布地的海拔高度1500~2000m。

坚果圆形，果基平，果顶圆，纵径3.7cm，横径3.7cm，侧径3.5cm，重11.7~13.0g。壳面光滑，色浅，缝合线平，结合紧密，尖端钝尖，壳厚1.1mm。内褶壁退化。横隔膜纸质，易取整仁。核仁重6.1~7.5g，出仁率51.9%~57.4%。核仁较饱满，淡紫色，味香，无涩味。一年生嫁接苗定植后5~6年结果。盛果期株产果约40~60kg，每平方米冠影产仁量0.13kg。

华宁大白壳核桃树的树姿开展，成年树树冠直径约13~

19m，发枝力 1∶1.36。小枝褐色，有白色的皮孔，长 9.4cm，粗 0.8cm。顶芽圆锥形，1～2 侧芽圆形。复叶长 44.5～56cm，小叶 13 片，少数 11 或 15 片，顶端小叶歪斜或退化，椭圆状披针形、渐尖。雄先型。每雌花序着生雌花 2～3 朵，少数 1 或 4 朵。以顶芽结果为主，果枝率 51.5%，坐果率 77.7%，平均每果枝坐果 2 个，其中单果率 24.8%，双果率 55.1%，三果率 0.3%。在产地华宁，大白壳核桃树 3 月上旬发芽，3 月下旬雄花散粉，4 月中旬雌花盛开。9 月中旬坚果成熟。

该品种丰产性中等。坚果大，壳面光滑，果形美观，可作为改良坚果外观的育种亲本。该品种主要适宜滇中地区栽培，种植地的海拔高度为 1500～2000m。华宁大白壳核桃如图 3-4 所示。

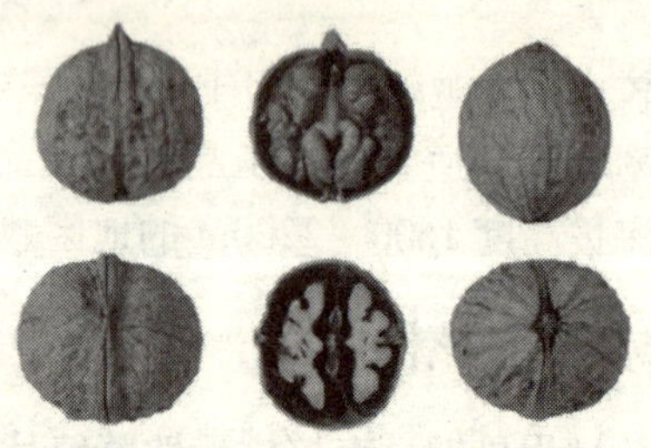

图 3-4 华宁大白壳核桃

（五）圆菠萝核桃

圆菠萝核桃（又称阿本冷核桃）为我省早期无性繁殖品种。主要栽培于云龙、漾濞、永平、洱源等地。其生长地的海拔高度 1700～2600m，而多见于海拔高度 2000～2500m 的高山区。

坚果短扁圆或圆形，果基圆，果顶平，纵径 3.5cm，横径

3.7cm，重10.9g。壳面麻、浅黄色，缝合线中上部略突起，结合紧密，顶端渐尖，壳厚1.1~1.2mm。内褶壁革质，横隔膜革质，能取1/2仁。核仁重5.5g，出仁率50%~55%。核仁饱满，色浅、味香、不涩。仁含油率65.5%~71.3%。较丰产，盛果期株产果约42~70kg，每平方米冠影产仁量0.16kg。

圆菠萝核桃树的树姿开张，树冠紧凑，盛果期冠径9.2~15.5m，每母枝平均抽梢1.28个，新梢灰褐色，平均长5.41cm，粗0.84cm。小叶9~11枚，深绿色，卵状披针形。以顶端结果为主，侧枝结果率17.3%。雄先型。每雌花序着生雌花2~3朵，少的1或4朵。果枝率58.7%，坐果率81.0%，平均每果枝坐果2粒，其中单果率23.9%，双果率52.9%，三果率23.5%。在产地，圆菠萝核桃树于2月下旬或3月上旬发芽，4月上旬雄花散粉，4月下旬雌花盛开。9月下旬坚果成熟。果实圆形，三径平均5.7cm。绿色，果皮厚1cm。圆菠萝核桃如图3-5所示。

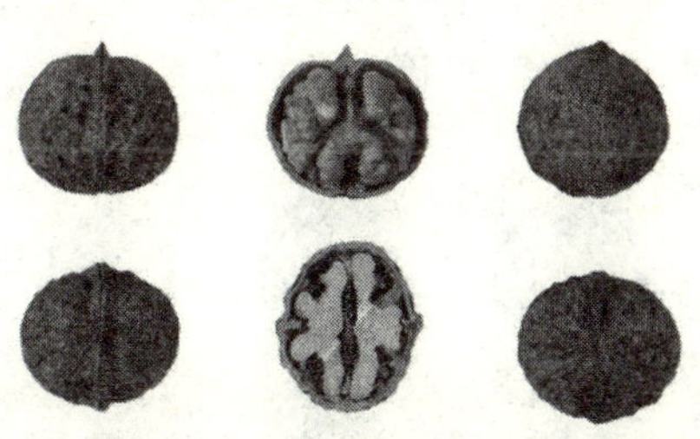

图3-5 圆菠萝核桃

该品种长寿、较丰产、耐寒，可在海拔较高的地区栽培。适宜在滇西地区，海拔高度2000~2500m的山地栽培。

（六）草果核桃

草果核桃（又名三台核桃）为早期的云南核桃无性繁殖品种。主要栽培于漾濞、洱源、巍山等县，分布地的海拔高度2000～2300m。

坚果长圆形，果基及果顶尖削，形似草果，纵径4.1cm，横径3.1cm，侧径2.0cm，重10.2g。壳面麻，缝合线中上部突起，渐尖，壳厚0.9～1.0mm。内褶壁和横隔膜纸质，易取整仁。核仁重5.0g，出仁率48.8%，核仁较饱满，色浅，味香；含油率69%。

草果核桃树的树体较小，分枝角度小，新梢多而细，褐色或绿褐色，小叶7～11片。雌先型。每雌花序着生雌花2朵。多顶枝结果，侧枝结果率20%。3月上旬发芽，3月中旬雌花开放，3月下旬雄花散粉，9月上旬坚果成熟。

该品种坚果较小，品质上等，商品价值较高，产量比较稳定，树干容易空心。该品种主要适宜在滇西地区海拔高度2000～2300m的山地栽培。草果核桃形状见图3-6。

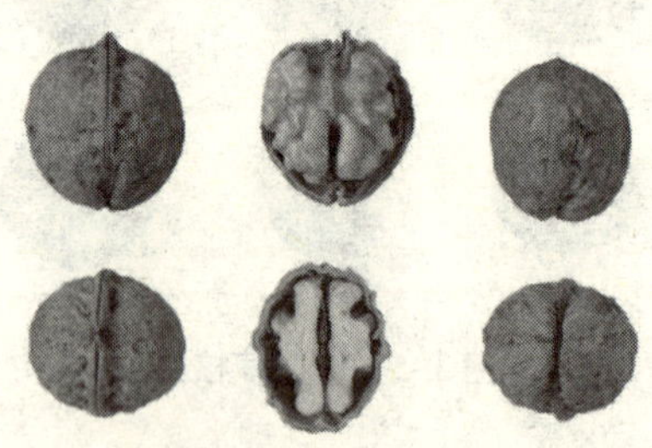

图3-6　草果核桃

（七）鸡蛋皮核桃

鸡蛋皮核桃为早期的云南核桃无性繁殖品种，因坚果壳特别薄而得名。主要栽培于漾濞、巍山、洱源、云龙、大理等县市。其分布地的海拔高度1850～2400m。

坚果椭圆形、果基略尖，果顶圆，纵径4.0cm，横径3.4cm，侧径3.2cm，重11.9g。壳面麻点较浅，色浅，缝合线窄，中上部略突，结合紧密，尖端渐尖，壳厚0.75mm。内褶壁革质，横隔膜纸质，易取整仁。核仁重6.7g，出仁率51.9%～56.0%，核仁饱满，色浅、香、脆，无涩味。核仁含油率65.0%～68.7%。盛果期株产果25～30kg。每平方米冠影产仁量0.16kg。

鸡蛋皮核桃树的树姿开张，成年树冠径10.0～13.0m，发枝力1∶1.2，小枝黄褐色，下垂。小叶9～11枚，少数为7或13枚，椭圆状披针形，渐尖。雌雄花同熟，每雌花序着生雌花2～3朵，稀1或4朵。果枝率57.1%，坐果率88.9%。顶芽或第一、二侧芽发枝结果；单果率15.6%，双果率43.8%，三果率40.6%；每果枝平均坐果2.25个。在产地，鸡蛋皮核桃树3月上旬发芽，3月下旬雄花散粉和雌花盛开，9月上旬坚果成熟。果实长椭圆形，三径均值4.8cm，青皮厚0.7～0.8cm。

该品种树体小，果枝率及坐果率较高，坚果早熟，壳薄，出仁率较高，香脆可口，品质上等。是优良生食及核仁加工用品种。主要适宜在滇西地区，海拔高度1800～2400m的山地栽培。

（八）滑皮核桃

滑皮核桃为早期的云南核桃无性繁殖品种。主要栽培于巍山、漾濞、大理、洱源等县市。其分布地的海拔高度1800～2400m。

坚果圆形，果基稍平，果顶圆，纵径 3.4cm，横径 3.8cm，侧径 3.4cm，重 11.9g。壳面较光滑，缝合线平，结合紧密，尖端渐尖，壳厚 1.1mm。内褶壁革质，横隔膜革质，可取 1/2 仁。核仁欠饱满，仁重 6g，出仁率 50.2%。仁色黄褐，味香，含油率 70% 左右，含蛋白质 19.1%。晚实、盛果期单株产果量约 50kg，每平方米冠影产仁量 0.13kg。

滑皮核桃树的树姿开张，发枝力 1∶1.25。树枝黄绿色或绿褐色。侧花芽占 30%，果枝率 58.3%，坐果率 76.3%。单果率 28.3%，双果率 37.6%，三果率 14.1%。小叶 7～13 枚，多 9～11 枚。雌先型。产地的滑皮核桃树 3 月上中旬发芽，3 月下旬雌花盛开，4 月上中旬雄花散粉，9 月中旬坚果成熟。

该品种坚果光滑美观。核仁欠饱满，仁色深，风味欠佳，不宜大量发展。主要适宜在滇西地区海拔高度 1800～2400m 的山地栽培。

（九）早核桃

早核桃（又称南华早核桃）为早期的云南核桃无性繁殖品种。主要栽培于楚雄、南华等县（市）。其分布地的海拔高度 1500～2200m。

坚果扁圆形，果基圆，果顶平，纵径 3.4cm，横径 3.5cm，侧径 2.7cm，重 8.2g。壳面麻，刻纹较浅，较光滑，色浅，缝合线中上部略突起，尖端渐尖，壳厚 0.85mm。内褶壁退化，横隔膜纸质，可取整仁。核仁重 4.3g，出仁率 52%。核仁较饱满，仁色浅，味略香，无涩味。含油率 67.6%。盛果期株产果 25～30kg，产量较低，每平方米冠影产仁量 0.13kg。

早核桃树的树姿开张，树冠径约 11m，发枝力 1∶1.36。小叶 5～11 枚，多为 9 枚。雌先型。每个雌花序着生雌花 1～3 朵。果枝率 66.1%，每果枝平均坐果 1.8 个，其中单果率 27.5%，双果率 69.4%，三果率 2.8%。早核桃树 8 月下旬坚果成熟，为早熟品种。

该品种坚果较小，早熟，壳薄，仁饱满，色浅、味香，质量上等。但产量偏低。主要适宜于滇中，海拔高度 1500 ~ 2200m 的地区栽培。南华早核桃的特征如图 3-7 所示。

图 3-7　南华早核桃

（十）小泡核桃

小泡核桃（又称小核桃）为早期的云南核桃无性繁殖品种。主要栽培于漾濞、巍山、大理等县（市）。其分布地的海拔高度 1500 ~ 1870m。

坚果小，圆形，果基平，果顶圆，纵径 2.9cm，横径 3cm，侧径 2.8cm，果重 7.7 ~ 8.09g。壳面麻、色浅、缝合线稍凸，结合紧密，尖端钝尖，壳厚 1.01 ~ 1.1mm。出仁率 47.3% ~ 50%，仁含油率 65.7% ~ 69.2%，含蛋白质 17.3%。盛果期单株产果 30 ~ 61.5kg，每平方米冠影产仁量 0.2kg。

小泡核桃树的树姿直立，树冠紧凑，呈卵圆形。发枝力 1∶1.5。小叶多为 9 枚，稀 7 或 11 枚。叶基圆，卵状披针形、渐尖。雌先型。每雌花序着生雌花 2 ~ 3 朵，稀 1 或 4 朵。果枝率 61.1%，坐果率 87.6%。结单果率 15%，双果率 55%，三果率 3%，平均每果枝坐果 2.2 粒。在产地，小泡核桃树 3 月上旬发芽，3 月下旬雌花盛开，4 月上旬雄花散粉，8 月下旬坚果成熟。

该品种丰产性好，连续抽生果枝力强，大小年结果不十分明显，坚果品质中上等，果实成熟期比其他品种早熟 15 天左右。适宜滇西海拔高度 1500 ~ 1900m 的地区栽培。

（十一）老鸦嘴核桃

老鸦嘴核桃早期的云南核桃无性繁殖品种。主要栽培在云龙、漾濞、永平等县。其分布地的海拔高度1800～2400m。

坚果近圆形，果基圆，果顶圆，纵径3.9cm，横径4.3cm，侧径4cm，坚果重17g。壳面麻，色浅，缝合线略突起，结合紧密，尖端渐尖，形似鸦嘴，尖嘴长1cm，壳厚1.4mm。内褶壁革质，横隔膜革质，可取1/4仁。仁重7.99g，出仁率45.2%。仁饱满，色浅，味香，无涩味。仁含油率69.4%，晚实，盛果期株产坚果30～50kg，每平方米冠影产仁量0.18kg。

老鸦嘴核桃树的发枝力弱，为1∶1.31。小叶7～15枚，多为11～13枚；椭圆状披针形。雄先型，每雌花序着生雌花2～3朵，稀1或4朵。顶芽发枝结果，果枝率61.8%，坐果率86.3%；结单果率14.3%，双果率61.9%，三果率23.8%。平均每果枝坐果2.11个。9月下旬果成熟。

该品种果枝率和坐果率较高，核仁色浅，味香，但坚果壳厚，品质欠佳。适宜在滇西海拔高度1800～2400m的地区栽培。

（十二）二白壳核桃

二白壳核桃为早期的云南核桃无性繁殖品种。主要栽培于华宁县。其分布地的海拔高度1500～2000m。

坚果圆球形，果基圆，果顶圆，纵径3.3cm，横径3.5cm，侧径3.1cm，重12.5g。壳面光滑，色浅，缝合线平，结合紧密。果型美观，壳厚1mm。内褶壁革质，横隔膜革质，可取整仁。核仁重6.6g，出仁率52.9%。核仁饱满，仁色浅，味香，含油率70.3%。

该品种坚果外形美观，核仁品质上等。可作为改善坚果外形的育种亲本，宜扩大栽培。主要适宜在滇中，海拔高度1500～

2000m 的地区栽培。

（十三）娘青核桃

娘青核桃（又称凉气夹绵核桃）早期的云南核桃无性繁殖品种。主要栽培于漾濞县。分布地的海拔高度 1750 ~ 2400m。

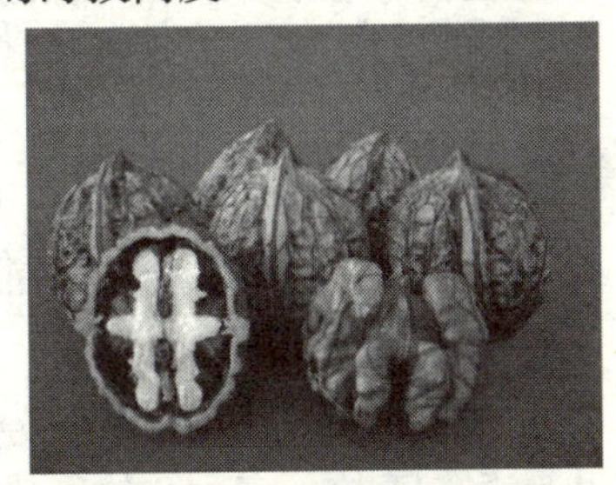

图 3-8 娘青核桃

坚果卵形，果基圆，果顶尖削，纵径 3. 9cm，横径 3. 5cm，侧径 2. 3cm，重 10. 9 ~ 12. 2g。果面粗糙，缝合线中上部略突，结合紧密，渐尖，壳厚 1. 2 ~ 1. 3mm。内褶壁及横隔膜革质，能取 1/2 仁。仁重 4. 5 ~ 5. 7g，出仁率 40. 9%，仁饱满，仁淡紫色，纹理深色，味香，不涩。仁含油率 70. 4% ~ 75. 6%。含蛋白质 14. 8%。一年生嫁接苗定植后 5 ~ 6 年结果，较丰产，盛果期株产坚果 43. 8 ~ 78. 5kg，每平方米冠影产仁量 0. 16kg。娘青核桃的特征如图 3-8 所示。

娘青核桃树的树姿开张，冠形紧凑，成年树冠径约 18m，分枝力 1 : 1. 4。短枝多，皮色黄绿，长 4. 7cm，粗 0. 8cm。顶芽圆锥形，第一、二侧芽圆形。小叶 7 ~ 13 枚，多为 9 ~ 11 枚，椭圆状披针形，顶端小叶歪斜或退化。雄先型。每雌花序着生雌花 1 ~4 朵，多为 2 ~ 3 朵。以顶芽发枝结果为主，侧枝结果率 17. 8%。果枝率 56%，坐果率 74. 6%，结单果率 24. 8%，双果率 47. 9%，三果率 26. 2%，四果占 1. 1%。平均每果枝坐果 2 个。在产地，娘青核桃树 3 月上旬发芽，3 月下旬雄花散粉，4 月上旬雌花盛开，9 月下旬坚果成熟。

该品种适应性强，耐瘠薄土壤，嫁接易成活，果枝密集，丰产性好，核仁品质中上等，宜作仁用品种栽培。主要适宜在滇西、滇中，海拔高度1700～2400m的地区栽培。

（十四）大屁股夹绵核桃

大屁股夹绵核桃为早期的云南核桃无性繁殖品种。主要栽培于漾濞县，零星分布，种植地适宜的海拔高度2000m左右。

坚果扁圆形，果基宽平，中间略凹，果顶圆，重14g。壳面麻，缝合线中上部凸起，结合紧密，尖端钝尖，壳厚1.3mm。内褶壁革质，横隔膜革质，只能取碎仁。仁重5.89g，出仁率41.4%，核仁色浅，味香不涩，含油率66.4%～69.6%。盛果期株产坚果约30kg。

大屁股夹绵核桃树的树势旺，树姿直立，成年树冠径约9m。小叶7～11枚，多为9枚。雌雄同熟。在产地，大屁股夹绵核桃树3月上旬发芽，雌雄花期同在3月下旬至4月上旬，9月中旬坚果成熟。

该品种产量不高，坚果品质中下等，但适应性强，宜于荒地栽培。适宜在滇西，海拔高度2000m左右的地区栽培。

（十五）大泡核桃夹绵

大泡核桃夹绵（又称方核桃）为早期的云南核桃无性繁殖品种。主要栽培于漾濞县，分布零星，多种于海拔高度1890～2100m的地带。

坚果扁圆形，果基平，果顶宽圆，渐尖，有4棱，重15.29g。壳面麻，缝合线中上部突起，结合紧密，壳厚1.2～1.3mm。内褶壁和横隔膜革质，可取1/2仁。出仁率48.3%。核仁较饱满，色浅，味香，仁含油率70.7%。盛果期单株产果量约45kg。

大泡核桃夹绵树的树体小，树姿开张，成年树高7.5m，冠径约8m，枝条黄褐色，稍扭曲。小叶9～11枚，深绿色，椭圆状披针形。8 月下旬坚果成熟。该品种主要适宜在滇西，海拔高度 1800 ~ 2100m 地区栽培。大泡核桃夹绵的特征如图 3-9 所示。

图 3-9　方核桃果实

（十六）小核桃夹绵

小核桃夹绵是云南省早期的云南核桃无性繁殖品种。主要栽培于漾濞县，分布零星，多种于海拔高度 1500 ~ 1700m 的地带。

坚果圆形，果基圆，果顶圆，三径平均 3.1cm，重 8.7g。壳面麻，壳厚 1.3mm。内褶壁和横隔膜革质，取仁难。核仁重 3.8g，出仁率 43.4%，仁饱满，色浅，味香，不涩。仁含油率 68.2%。

小核桃夹绵树的树体较小，树姿开张。小枝褐色或灰褐色。小叶 5 ~ 7 枚，深绿色，卵状披针形，雌雄同熟。产地 3 月上旬发芽，3 月下旬至 4 月上旬为雌雄花盛期，9 月上旬坚果成熟。

该品种产量稳定，坚果品质下等，适宜于滇西 1500 ~ 1700m 的低海拔高度地区栽培。

（十七）弥渡草果核桃

弥渡草果核桃（又称纸皮核桃）为云南省后期优选的云南

核桃无性繁殖品种。主要栽培于弥渡、祥云县。种植地的海拔高度1800～2300m。

坚果椭圆形，果底和果顶圆，纵径3.1cm，横径3.1cm，侧2.9cm，重7.8g。壳面较光滑，淡黄色，缝合线窄，结合紧密，尖端渐尖，壳厚0.9mm。内褶壁及横隔膜纸质，易取整仁。核仁重4.9g，出仁率63%，核仁充实饱满，色浅，味香，无涩味。仁含油率71.8%。盛果期株产果30～50kg，每平方米冠影产仁量0.18kg。

弥渡草果核桃树的树势中等，树姿直立，分枝力弱，1：1.17；新梢黄褐色。小叶7～13枚，多9～11枚，椭圆状披针形，渐尖。每雌花序着生雌花2～3朵，稀1或4朵。以顶芽发枝结果为主，果枝率67.4%，坐果率71.7%。每果枝平均坐果2.2个，其中单果率16%，双果率48%，三果率36%。果实早熟，于8月中旬成熟。

该品种坚果小，每千克约128个，但丰产性好，果枝率高，成熟早，果壳薄，出仁率高，品质好，是理想的早熟核桃品种。适宜在滇西海拔高度1800～2300m的地区栽培。

（十八）泸水1号

泸水1号（又称马核桃）云南省后期优选的云南核桃无性繁殖品种。主要栽培于泸水县，种植地的海拔高度1700～2300m。

坚果阔扁圆形，果基圆，果顶圆渐尖，纵径3.7cm，横径3.9cm，侧径3.5cm，重14.1g。壳面较麻，色浅，缝合线宽而突起，结合紧密，壳厚1.15mm。内褶壁及横隔膜纸质，易取整仁。核仁重7.5g。出仁率53%。核仁饱满，黄色，味香，不涩。仁含油率74%。盛果期株产果28～58kg，产量中等，每平方米冠影产仁量0.23kg。

泸水1号树的树体较小，盛果期冠径7~11m，发枝力1:1.3。雌先型。每雌花序着生雌花2~3朵，稀1或4朵。以顶芽发枝结果为主，果枝率58.3%，坐果率85%，每果枝平均坐果2.47个，其中单果率16.9%，双果率26.8%，三果率49.0%，四果率7%。小叶7~11枚，多9枚，椭圆状披针型。9月中旬坚果成熟。

该品种树体较小，冠形紧凑，果产量较高，坚果品质中等，适宜在滇西海拔高度1700~2300m的地区栽培。

（十九）水箐夹绵核桃

水箐夹绵核桃云南省后期优选的云南核桃无性繁殖品种。主要栽培于凤庆、昌宁县。其种植地的海拔高度1750~2100m。

坚果椭圆形，果基及果顶圆，纵径3.7cm，横径3.4cm，侧径3.3cm，重11.5g。壳面粗糙，缝合线突起，结合紧密，尖端钝尖，壳厚1.3~1.4mm。内褶壁和横隔膜革质，可取1/4仁。仁饱满，仁重4.9g，出仁率42.7%，仁色浅，味香，不涩。仁含油率70.5%。一年生嫁接苗定植后10年左右结果，盛果期株产果20~40kg，每平方米冠影产仁量0.17kg。

水箐夹绵核桃树的树势较强，树姿较直立，分枝角度小，分枝力低，树冠松散，呈扫帚状。成年树冠径约9.5m，发枝力1:1.2。枝条绿色，密集圆形混合花芽，呈聚生状结果（7~35个果），一株树偶见10多个结果团。小叶9~13枚，椭圆状披针型，渐尖。果枝率62.2%。坐果率86.8%，其中单果率9.5%。双果率24.3%，三果率60.8%，四果以上的结果率5.4%。平均每果枝坐果2.6个。9月下旬坚果成熟。

该品种最突出的特点是偶有果枝会出现密集状的结果现象，果产量高，但不易取仁，出仁率较低。适宜在滇西及滇南北部地区，海拔高度1700~2100m的地带栽培。

（二十）小红皮核桃

小红皮核桃（又称小米核桃）主要分布在会泽、昭通、曲靖等地。适宜在滇东及滇东北地区，海拔高度1800m左右的地带栽培。

坚果扁卵形，果基略尖，果顶平，坚果小，纵径3.2cm，横径3.4cm，侧径2.8cm，重9.1g。壳面较光滑，缝合线结合紧密，尖端钝尖，壳厚0.8mm。内褶壁和横隔膜纸质，易取整仁。核仁重5.1g，出仁率55.6%。核仁充实饱满，色浅，味香醇，无涩味。仁含油率66.6%。该品种青果时向阳面皮色呈红色。坚果小，较光滑，出仁率高，坚果品质中上等。

除此20个云南核桃品种外，还有分布在滇东及滇东北一带的大白核桃；分布于洱源，曲靖、昭通等地的大麻核桃；分布在鲁甸县的大麻核桃、二麻核桃、乌米籽核桃（又称紫仁核桃）；分布在洱源县的火把糯核桃；分布在漾濞县的马米咯核桃等品种。这些品种零星分散，种植面积不大，果产量较小，果的品质处中下等，不是主要发展的云南核桃品种。目前云南省大力推广发展的是漾濞泡核桃和大姚三台核桃两个优良的云南核桃品种，其他品种可根据各地的气候条件或开发用途进行发展。

二、实生选育品种

（一）丽53

实生选优的晚实品种，树体生长好，无病虫害，抗逆性强。3月30日左右开雌花，9月下旬至10月上旬果熟。开花习性为雄先熟。每枝结果1~3个，结果枝率达40%。种子近圆球形，种壳刻纹浅较光滑，平均粒重11.4g，种壳厚0.7mm。种仁黄白色，饱满饱胀，易取，味香，出仁率65%~68.5%，仁含油量为73.9%。

适宜在云南海拔1800～2100m的地区，年均温14.5℃左右，年雨量1000mm左右，≥10℃活动积温5000℃左右。土壤为冲积壤土。

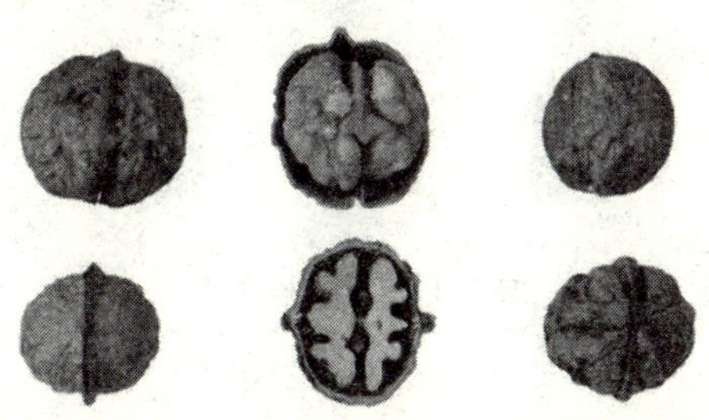

图3-10　丽53果实

（二）维2号

实生中选出，是铁核桃树种（*J. sigillata* D.）的栽培实生优株，维西县塔城乡其宗。

表现在结实枝率高达77%，平均每枝结果数为2.18个；树体高大，树冠产仁量为0.17～0.33kg/m^2；3月上旬芽膨大，3月中旬开雄花，3月下旬开雌花，为雄先熟型，9月中下旬果熟，11月上旬落叶。三径平均3.84cm，粒重15.6g，64个/kg，比漾泡大；种形美观：种形正圆球形，种壳麻点少而浅，光滑美观；种子质量好。种仁饱满饱胀，仁易取，出仁率高54%，含油量高达75%，食味香醇；种子耐贮藏。种壳较厚，1.2～1.5mm，厚薄均匀，耐贮藏时间长，据测定放置1年的种子含油量为70.84%，比新鲜核桃含油量降低4.16%。食味尚好，放置3年核桃还可以食用；种子耐运输：由于种壳厚，耐挤压，运输后不会造成种壳破碎。适宜海拔1600～2400m。

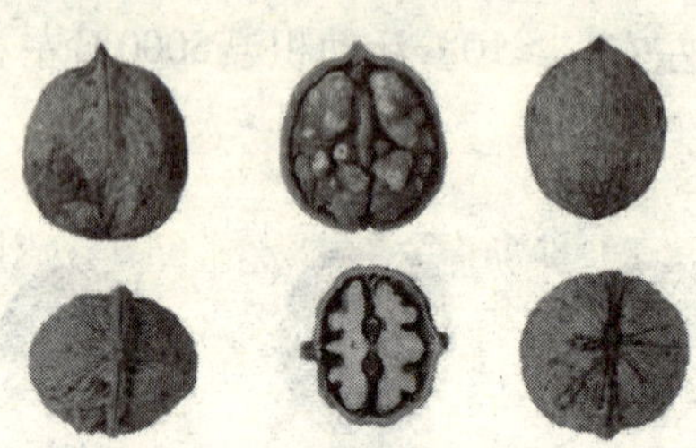

图3-11　维2号果实

（三）永11号

实生选优的晚实品种，树体生长好，耐寒冷，无病虫害，抗逆性强；每平方米树冠投影产仁0.30kg，10月中旬果熟。种实呈纺锤形，粒重11.0g。种壳厚0.9mm，出仁率高52%～60%，含油量71.2%，种仁饱满，仁易取，仁黄白美观，食味香醇。适宜高寒山区发展。种子比一般核桃晚熟半个月，延长采收时间。

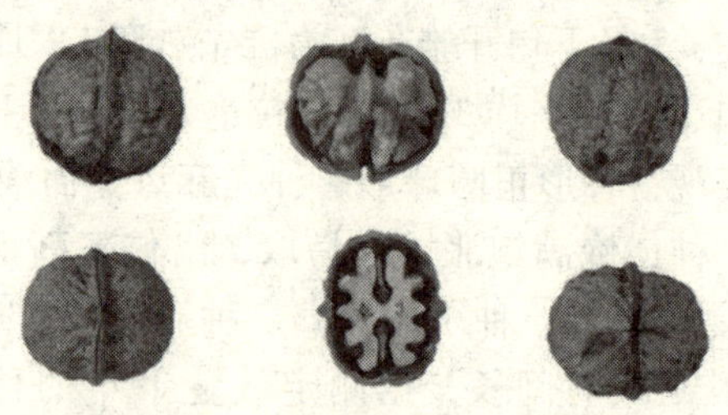

图3-12　永11号果实

适宜在云南海拔2000～2350m的地区。年平均气温12.0～15.0℃，年降水量约900～1000mm，≥10℃活动积温4000～5500℃。土壤为红壤。稍耐寒冷，可在半山和高山发展。

（四）永泡1号

深纹核桃实生植株中选育的优良无性系；晚实，4～5年进入初产期，10～15年进入盛产期，初产期干果产量达660kg/hm²，盛产期干果产量达4125kg/hm²，以本地普通品种为对照，分别超过对照33%和150%；果椭圆形，有不规则浅刻纹及2纵脊，三径均值3.63cm，平均壳厚1.00mm，平均单果重13.41g，果大，壳薄，种仁饱满，食味香醇，平均出仁率67.2%；蛋白质含量16.1%左右，含油率69.3%左右。

适宜于永善县境内的务基乡及周边同类地区，海拔1000～2000m，年均温11.4～18℃，年降雨量700～1100mm，≥10℃活动积温3000～4500℃的石灰土、红壤、黄壤或者沙砾地区种植。

嫁接繁殖。选择立地条件适宜的造林地；1m×1m大塘整地，株行距8m×8m，施足基肥，浇足定根水，薄膜覆盖，休眠期种植；集约化经营管理。

（五）永泡2号

深纹核桃实生植株中选育的优良无性系；晚实，4～5年进入初产期，10～15年进入盛产期，初产期干果产量达660kg/hm²，盛产期干果产量达4125kg/hm²，以本地普通品种为对照，分别超过对照67%和200%；果椭圆形，有不规则浅刻纹及2纵脊，三径均值3.93cm，平均壳厚1.28mm，平均单果重17.28g，果大，壳薄，种仁饱满，食味香醇，平均出仁率50.64%；蛋白质含量19.7%左右，含油率65.2%左右。

适宜于永善县境内的青胜乡及周边同类地区，海拔1000～

2000m，年均温 11.4～18℃，年降雨量 700～1100mm，≥10℃活动积温 3000～4500℃的石灰土、红壤、黄壤或者沙砾地区种植。

（六）永泡 3 号

树体高大，寿命长，树势较强，发枝力强，树姿开张，丰产，耐寒。3 月 15 日左右芽膨大，3 月中下旬雄花，4 月初开雌花，9 月上旬果熟，11 月底到 12 月初落叶。开花习性为雄先型，每枝结果 2～4 个，多 3 个，种子呈扁圆形，单果重 13.54g，出仁率 50.1%，含油率 67.84%，蛋白 20.45%。

适宜在永善县海拔 1400～2200m，酸性及中性土壤，土层深厚地区种植。

（七）桐子果核桃

地方优良品种；晚实，5～7 年进入初产期，12～15 年进入盛产期，初产期干果产量达 1470kg/hm^2，盛产期干果产量达 3075kg/hm^2，以“漾濞泡核桃”为对照，分别超过对照 206% 和 60%；坚果扁圆形，果基圆或平，果顶尖，果面麻，刻点密而稍浅，壳色较深，缝合线紧密、凸，先端尖；三径均值 3.82cm，平均壳厚 0.78mm，平均单果仁重 7.1g，内褶壁革质，隔膜革质，取仁尚易，能取整仁或半仁，种仁充实饱胀，仁黄白色，食味香醇，无涩味；平均出仁率 52.97%，蛋白质含量 16.8% 左右，含油率 69.99% 左右。

适宜于云南省滇西、滇中、滇西南、滇南北部，海拔 1700～2600m 年均温 9～16℃，年降雨量 800～1600mm，≥10℃活动积温 4800～5700℃的中性、微酸或者碱性土壤地区栽培。

图 3-13　桐子果核桃果实

（八）乌蒙 1 号

树势中等，树形疏散分层。盛产期平均冠影产仁量 0.57 kg/m²，果实 8 月下旬至 9 月上旬成熟，每枝挂果 1～4 个，平均挂果 2～3 个，结果枝率达 45%。发枝力中等，种子近圆球形，种壳刻纹浅，缝合线较平，果个小，平均单果重 8.30g，三径均值 3.02cm×2.95cm×2.86cm，平均壳厚 0.81mm。种仁乳白色，饱满饱胀，易取，味浓香，平均出仁率 66.56%，平均蛋白质含量 18.8%，平均种仁含油量为 69.88%。

适宜于彝良县海拔 1000～1700m，年均温 13～18℃，年降雨量 800～1200mm，≥10℃活动积温 5000℃左右，保水、透气的壤土或沙壤土，土层深厚的地区种植。

（九）乌蒙 3 号

树势中庸，树形疏散分层。盛产期平均冠影产仁量 0.62 kg/m²，果实 9 月上旬至 9 月中旬成熟，每枝挂果 1～4 个，平均挂果 2～3 个，结果枝率达 40%。发枝力中等，种子近元宝形，种壳刻纹浅，缝合线较平，果个小，平均粒重 8.30g，三径均值 4.72cm×3.60cm×3.56cm，平均壳厚 0.9mm。种仁乳白色，饱满饱胀，易取，味浓香，平均单果重 17.18g，出仁率 55.14%，平均蛋白质含量 20%，种仁含油量为 68.20%。

适宜于彝良县海拔 1000～1700m，年均温 13～18℃，年降雨量 800～1200mm，≥10℃活动积温 5000℃左右，保水、透气的壤土或沙壤土，土层深厚的地区种植。

（十）乌蒙 8 号

树势中庸，树形疏散分层。盛产期平均冠影产仁量 0.64 kg/m^2，果实 8 月下旬至 9 月上旬成熟，每枝桂果 1～4 个，结果枝率达 40%。发枝力中等，种子近元宝形，种壳刻纹麻，缝合线较平，平均单果重 11.31g，三径均值 4.35cm×3.40cm×3.02cm，平均壳厚 0.94mm。种仁淡黄色，仁较饱满，取仁容易，味浓香，平均出仁率 58.64%，平均蛋白质含量 20.3%，平均种仁含油量为 69.65%。

适宜于彝良县海拔 1000～1500m，年均温 13～18℃，年降雨量 800～1200mm，≥10℃，活动积温 5000℃左右，保水、透气的壤土或沙壤土，土层深厚的地区种植。

（十一）乌蒙 10 号

树势中庸，树形疏散分层。盛产期平均冠影产仁量 1.17 kg/m^2，果实 9 月中旬至 9 月下旬成熟，每结果母枝平均抽生 2.5 个结果枝，每结果枝平均结果 6.6 个，结果枝率达 50%，发枝力中等，种子近元宝形，种壳刻纹麻，缝合线较平，平均粒重 7.35g，三径均值 3.03cm×2.97cm×2.76cm，平均种壳厚 0.577mm。种仁淡黄色，仁较饱满，取仁容易，味浓香，仁重 4.902g，出仁率平均 66.67%，蛋白质含量 19.8%，平均仁含油率 70.71。

适宜于彝良县海拔 1000～1500m，年均温 13～18℃，年降雨量800～1200mm，≥10℃活动积温50000℃左右，保水、透气的壤土或沙壤土，土层深厚的地区种植。

（十二）乌蒙16号

盛产期平均冠影产仁量0.27kg/m^2，坚果扁圆形，个大，10月中旬成熟，三径均值3.86cm×3.67cm×3.24cm，单果重13.49g，约74个/kg。种仁饱满，取仁极易，平均种壳厚0.9mm，出仁率高，为52%～61%，含油率高达67.4%，种仁黄白色，食味香醇，耐晚霜。

适宜于鲁甸县海拔1800～2000m的地区种植。

（十三）乌蒙19号

盛产平均冠影产仁量0.27kg/m^2，坚果卵圆形，种个大，10月中旬果熟，三径均值4.31cm×3.72cm×3.38cm，单果重13.48g，约74个/kg。种仁饱满，取仁极易，种壳厚0.8mm，出仁率高，为57%～63%，含油率高达67.6%，种仁黄白色，食味香醇，耐晚霜。

适宜于鲁甸县海拔1900～2200m的地区种植。

（十四）华宁大砂壳

树体高大，种植后5～6年开始开花结实，7～12年亩产干果45～120kg，13年以上亩产180kg以上，树龄可达百年以上，盛产期冠影产仁量259.4g/m^2。平均单果17.8～22.4g，壳厚为1.13mm，出仁率56.45%，平均含油率69.32%。核果短、近圆形、个大、壳白，刻纹密集而浅；壳薄，能取整仁，白色，味香，无苦涩等异味。抗病虫害能力较强。

滇中海拔1650～2600m。酸性及中性土壤，土层深厚地区种植。

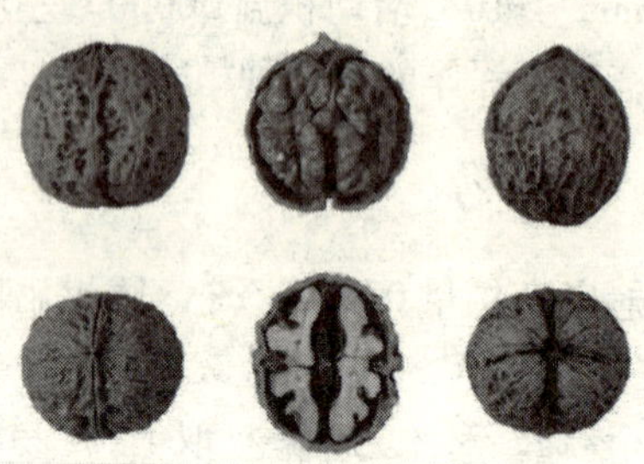

图 3-14　华宁大砂壳

（十五）鲁甸大麻核桃 1 号

5 年进入初产期，13 年进入盛产期，果实 10 月上旬成熟，盛产期冠影产仁量>228g/m^2；单果重 9.7～20.2g，坚果扁圆球形，三径均值 3.4cm×4.0cm×4.2cm，壳厚 0.6～1.2mm，外观端正，仁色黄白；平均出仁率 50.2%～66.5%，含油率 66.8%。

适宜于昭通市鲁甸县海拔 1600～2200m 的地区种植。

（十六）鲁甸大麻 2 号

树势中等、树形紧凑、生长较快、分枝力强，花枝率、果枝率高，内堂挂果能力强。一年生嫁接苗 3～4 年开花结果，果实 9 月上旬成熟。果皮腺点突出，核果较麻。6 年生树侧枝结果 48.1%，花枝率 65.7%，果枝率 64.8%，每果枝平均坐果 3.24 个，平均单株产量 6.52kg，冠影产仁量 0.36kg/m^2。

适宜在德宏州海拔 1000～1800m 酸性或微酸性红壤和黄壤的阳坡或半阳坡种植。

（十七）鲁甸大泡核桃 3 号

5 年进入初产期，12 年进入盛产期；高产，果实 10 月上旬成熟，盛产期冠影产仁量 > 220g/m^2；优质，单果重 16.4 ~ 19.5g，三径均值 3.6cm×4.3cm×4.2cm，壳厚 0.6 ~ 1.2mm；壳面麻点多，取仁易，仁色浅白，味香。出仁率 50.2% ~ 58.5%，平均含油率 69.1%，平均蛋白质含量 18.9%。

适宜于昭通市鲁甸县海拔 1600 ~ 2200m 的地区种植。

（十八）红皮连串

晚实品种，果实 9 月下旬成熟，坚果近圆形，两肩平，底部圆，外观较光滑；每雌花序着生雌花 3 ~ 10 朵，多 4 ~ 5 朵，结果成串状；7 ~ 9 年进入盛产期，盛产期冠影产仁量平均 0.23 kg/m^2，三径均值 3.23cm × 3.36cm × 3.1cm。平均单果重 12.8g，平均壳厚 1.2mm；内褶壁不发达，隔膜纸质，可取整仁，仁色浅黄色，核仁饱满，味香，出仁率 54.2%。平均含油率 68%。

适宜于滇东北地区海拔 1700 ~ 2300m，云南省其他地区海拔 1900 ~ 2350m，年均温 12.0 ~ 15.0℃，年降水量 900 ~ 1000mm，≥10℃活动积温 3000 ~ 5500℃，土壤为红壤的地区种植。

（十九）丽 20 号

果实 9 月中旬成熟，坚果阔扁圆形，果基圆，果顶圆渐尖。5 年进入初产期，12 年进入盛产期，第 7 年冠影产仁量平均 0.074kg/m^2，三径均值 3.65cm × 3.4cm × 3.55cm。平均单果重 14.6g，平均壳厚 1.1mm；壳面较麻，色浅，缝合线宽而突起，结合紧密，内褶壁及横隔膜纸质，易取整仁。出仁率 55% ~ 62.7%。核仁饱满，黄色，味香，不涩，平均含油率 71.4%，平均果枝率 60%，每花序多为三果。有一定的大小年现象。

适宜于丽江市玉龙县、古城区境内海拔 2000 ~ 2400m 的地区种植。

（二十）丽科 1 号

5 年进入初产期，10 ~ 20 年进入盛产期；初产期产量 324.5kg/hm^2，盛产期产量 3450kg/hm^2；平均出仁率 57% ~ 77.2%，含油率 67.6%，蛋白质含量 18.3%；抗病虫害、抗旱、抗寒，具有一定的耐晚霜能力。

适宜种植在丽江市玉龙县范围内的半山、金沙江河谷及周边同类地区发展，海拔 1700 ~ 2300m，年均温 12 ~ 15℃，年降雨量 900 ~ 1000mm，≥10℃活动积温 4000 ~ 5500℃。土壤类型：红壤、黄红壤等微酸疏松肥沃土壤里生长。

（二十一）丽科 2 号

5 年进入初产期，10 ~ 20 年进入盛产期；初产期产量 345.5kg/hm^2，盛产期产量 3900kg/hm^2；平均出仁率 78.2% ~ 80.1%，含油率 67.2%，蛋白质含量 14.1%；抗病虫害、抗旱、抗寒，具有一定的耐晚霜能力。

适宜种植在丽江市玉龙县范围内的金沙江河谷及周边同类地区发展，海拔 1600 ~ 2100m，年均温 14 ~ 16℃，年降雨量 900 ~ 1000mm，≥10℃活动积温 4000 ~ 5500℃。土壤类型：红壤、黄红壤等微酸疏松肥沃土壤里生长。

（二十二）丽科 3 号

深纹核桃实生植株中选育的优良无性系；晚实，4 年进入初产期，12 ~ 15 年进入盛产期，初产期干果产量达 264.5kg/hm^2，盛产期干果产量达 2643kg/hm^2；种壳麻点多而深，三径均值 3.19cm，平均单果重 12.8g，平均壳厚 0.98mm，缝合线中上部突起，结合紧密，内褶壁纸质，横隔膜膜质，易取整仁，核仁充实、饱满、味香醇、种仁微紫；平均出仁率 64.2%，蛋白质含量14.93%左右，含油率达65.74%左右；耐寒冷，无病虫害，抗逆性强。

适宜于华坪县境内永兴乡及周边同类地区，海拔1800～2000m，年均温14～16℃，年降雨量900～1000mm，≥10℃活动积温4000～5500℃的红壤、黄红壤等微酸疏松肥沃土壤地区种植。

（二十三）丽科4号

深纹核桃实生植株中选育的优良无性系；晚实，5年进入初产期，15～20年进入盛产期，初产期干果产量达287.3kg/hm^2，盛产期干果产量达2954kg/hm^2；种壳麻点多而深，三径均值4.09cm，平均单果重15.7g，平均壳厚0.83mm，缝合线中上部突起，结合紧密，内褶壁纸质，横隔膜膜质；易取整仁，核仁充实、饱满、味香醇、种仁微紫，平均出仁率65.3%，蛋白质含量16.60%左右，含油率65.28%左右；耐寒冷，无病虫害，抗逆性强。

适宜于华坪县境内的永兴乡及周边同类地区，海拔1800～2000m，年均温14～16℃，年降雨量900～1000mm，≥10℃活动积温4000～5500℃的红壤、黄红壤等微酸疏松肥沃土壤地区种植。

（二十四）保核2号

5年进入初产期，12年进入盛产期，盛产期冠影产仁量平均478g/m^2，坚果扁圆形，顶端突尖，三径均值3.82cm×3.78cm×3.30cm。壳面麻点多、密、浅，缝合线中度隆起，紧密；平均单果重11.2g，平均仁重7.6g；平均壳厚0.8mm；内褶壁退化，纸质，易取整仁，平均出仁率67.9%；仁饱满，味香，品质上等。粗脂肪含量73.8%，粗蛋白质含量13.1%。

适宜于保山市海拔1650～2200m，年均温13～17℃，年降雨量1000mm以上，年日照时数2000h以上，土层深厚、酸性及中性土壤的地区种植。

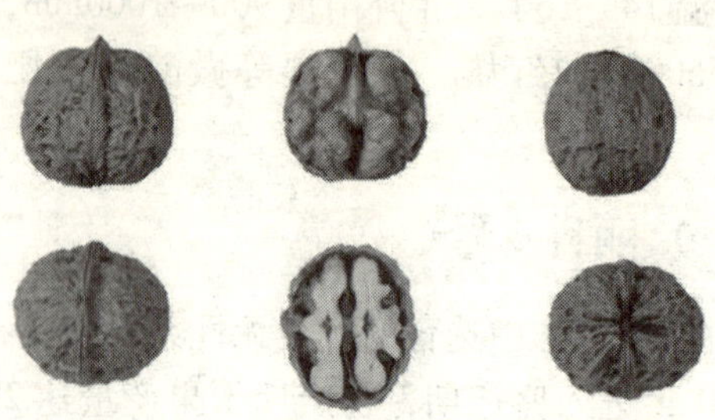

图3-15　保核2号

（二十五）保核3号

5年进入初产期，12年进入盛产期，盛产期冠影产仁量平均855g/m²，坚果扁圆形，顶端突尖，三径均值3.50cm×3.93cm×2.9cm。壳面麻点多，且较深大，缝合线较隆起，紧密；平均单果重9g，平均仁重6g；平均壳厚0.5mm；内隔壁及内褶壁退化，纸质，取仁易，出仁率67.1%；仁饱满，味香，仁色黄白，风味甜，品质上等。粗脂肪含量73.6%，粗蛋白质含量15.4%。

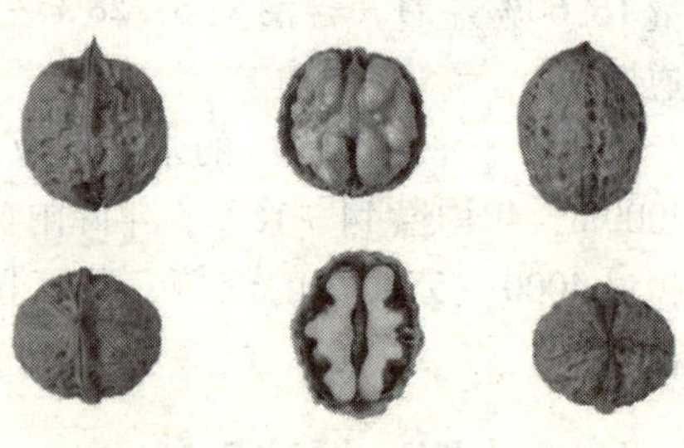

图3-16　保核3号

适宜于保山市海拔1500～1800m，年均温13～17℃，年降雨量1000mm以上，年日照时数2000h以上，土层深厚、酸性及中性土壤地区种植。

（二十六）保核5号

5年进入初产期，12年进入盛产期，盛产期冠影产仁量平均0.26kg/m^2，坚果扁圆形，顶端突尖，三径均值4.3cm×4.8cm×4.8cm。壳面粗糙，刻纹深、多、大，平均单果重20.7g，平均壳厚1mm；内褶革质，内隔纸质，易取整仁，出仁率54.8%；仁色极白，风味甜，品质上等。粗脂肪含量62.2%，粗蛋白质含量11.1%。

适宜于保山市海拔1800～2200m，年均温13～17℃，年降雨量1000mm以上，年日照时数2000h以上，土层深厚、酸性及中性土壤的地区种植。

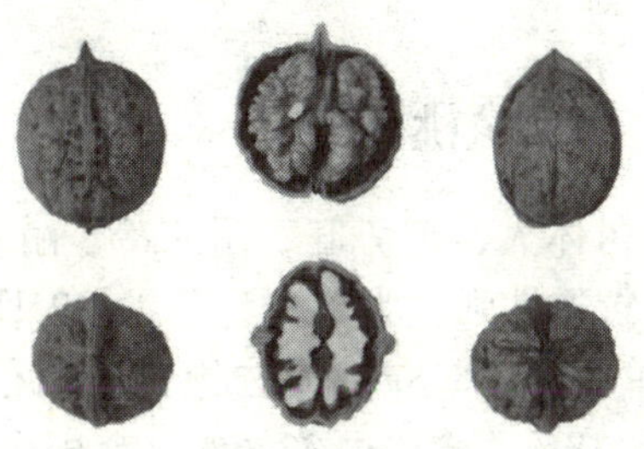

图3-17　保核5号

（二十七）保核7号

5年进入初产期，12年进入盛产期，盛产期冠影产仁量平均0.64kg/m^2；坚果扁圆球形，三径均值3.57cm×3.78cm×3.16cm；壳面麻点少；平均单果重10.1g，平均仁重5.9g，平均壳厚0.7mm；取仁易，出仁率58.4%，仁饱满，味香，色白；粗脂肪含量 69.1%，粗蛋白质含量 14%。

适宜于保山市海拔 1900～2200m，年均温 13～17℃，年降雨量 1000mm 以上，年日照时数 2000h 以上，土层深厚、酸性及中性土壤的地区种植。

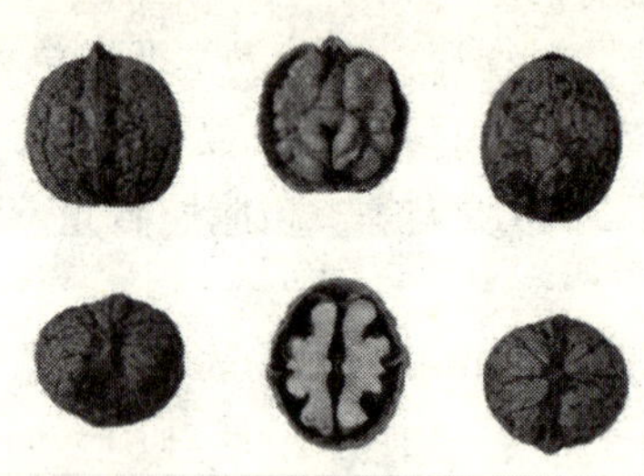

图 3-18　保核 7 号

（二十八）巧家核桃 1 号

晚实品种，树体大，树势旺，耐寒冷、耐晚霜，树体生长好，无病虫害，抗逆性强，为雄先型品种。9 月下旬至 10 月上旬果熟，个大单果重 18.8g，种仁饱满，取仁极易，出仁率 60%，含油率 66.18%，含蛋白 22.6%，食味香醇，取仁极易。

适宜在巧家县海拔 1400～2200m，酸性及中性土壤，土层深厚地区种植。

（二十九）巧家核桃 2 号

晚实品种，树体大，树势旺，耐寒冷、耐晚霜，树体生长好，无病虫害，抗逆性强，为雄先型品种。9 月下旬至 10 月上旬果熟，个大单果重 22.3g，种仁饱满，取仁极易，仁色白，出仁率 64%，含油率 66.66%，含蛋白 23.6%，食味香醇，抗逆性较强。

适宜在巧家县海拔1400~2200m，酸性及中性土壤，土层深厚地区种植。

（三十）巧家核桃3号

晚实品种，树体大，树势旺，耐寒冷、耐晚霜，树体生长好，无病虫害，抗逆性强，为雄先型品种。种子呈扁圆形，单果重14g，出仁率56.45%，核能取整仁，白色，味香，无苦涩等异味。平均含油率68.44%，蛋白质含量15.4%。

适宜在巧家县海拔1400~2200m，酸性及中性土壤，土层深厚地区种植。

（三十一）巧家核桃4号

晚实品种，树体大，树势旺，耐寒冷、耐晚霜，树体生长好，无病虫害，抗逆性强，为雄先型品种。7月下旬至8月上旬果熟，种子呈扁圆形，单果重14g，出仁率55%，核能取整仁，白色，味香，无苦涩等异味。平均含油率74.11%，蛋白质含量18.4%。

适宜在巧家县海拔1400~2200m，酸性及中性土壤，土层深厚地区种植。

（三十二）弥勒1号

该品种树冠开张，果实9月下旬成熟，果枝率57%，每果枝果数2.4个，单果重13.5g，出仁率53.4%。坚果中大，外观光滑，麻点大而浅，种基平，种尖平，缝合线平，三径均值3.8cm，种壳厚1.1mm，内皱壁退化，横隔膜纸质，取仁极易，仁色黄白，种仁饱满、味香。蛋白质18.3%，粗脂肪70.2%。

适宜在滇中海拔1650~2150m，酸性及中性土壤，土层深厚地区种植。

（三十三）鸡飞香茶核桃

小枝灰绿色，顶牙圆形，坚果近卵圆形，基部稍平，顶部突尖，壳面麻点稀、浅，缝合线宽，隆起，紧密；壳厚 0.7mm，内褶不发达，纸质，可取整仁，出仁率 62%；每千克重约 90 粒；仁饱满，浅棕色或浅琥珀色，味香，仁皮上的脉络较明显，灰黑色。大小年现象不明显，能获得连续丰产。特耐储藏。

适宜在昌宁县海拔 1650～2000m，酸性及中性土壤，土层深厚地区种植。

（三十四）龙佳核桃

树体较小、树势中庸，抗病性强。结实期早，3 年试果，10 年进入盛产期。短果枝结果，分枝力强，花枝率、果枝率高，果枝密集，丰产性好，果枝结果率达 98.6%，平均每果枝坐果 2.6 个。坚果扁圆球形，顶端突尖，三径一般为 3.5cm×3.9cm×3.0cm；径高比 1∶1.1，壳面麻点较多，较浅，缝合线较隆起，紧密；底端（果蒂）稍凸出。平均单果重 13.3g，壳厚 0.72mm，易取整仁，出仁率 57.6%；仁饱满，味香，黄白色。含油率 71.2%，蛋白含量 17.1%。

适宜在云龙及周边地区海拔 1800～2400m，酸性及中性土壤，土层深厚地区种植。

（三十五）宁香核桃

树体小、树势中庸，抗逆性强；3～4 年试果，5～7 年进入丰产期，短果枝结果为主，丰产性好，结果枝长 3.4cm，每结果母枝抽生结果枝数 2.4 个（最多达 7 个），每果枝坐果 2.76 个，9 月上、中旬果熟单核重 12.97g，坚果扁圆球形，出仁率

61.62%，壳厚0.53mm，壳薄，仁饱满、浅黄白色、味香甜、无涩味，仁用价值高。含油率69.91%，蛋白17.61%。

适宜在滇西昌宁海拔1500～2100m酸性及中性土壤，土层深厚地区种植。

（三十六）红河1号

该品种树势旺，树冠开张，盛产期平均冠影产仁量0.22 kg/m²，平均坚果重16.1g，平均壳厚0.8mm，平均出仁率61%，仁色浅黄，种仁饱满。内褶壁退化，横膈膜纸质，抗晚霜能力强。

适宜于弥勒县及周边生态气候相似，海拔1600～2200m，保水、透气的壤土或沙壤土，土层深厚的地区种植。

（三十七）红河2号

树势旺，结果枝平均挂果2.2个，盛产期平均冠影产仁量0.29kg/m²平均壳厚1.0mm，平均单果重13.1g，取仁易，仁色浅黄，种仁饱满，平均出仁率56.6%，风味香醇。

适宜于建水县及周边生态气候相似，海拔1600～2200m，保水、透气的壤土或沙壤土，土层深厚的地区种植。

（三十八）剑　丰

为新疆核桃实生栽培群体中选育的优良无性系，母树在剑川县；早实，5～8年进入初产期，10年进入盛产期，初产期干果产量达2240kg/hm²，盛产期干果产量达10080kg/hm²，以“新翠丰”为对照，都超过对照40%以上；坚果个中等，圆形，三径均值3.97cm，平均壳厚1.11mm，平均单果重15.07g，取仁易，种仁黄白、食味香甜、无涩味，平均出仁率54.8%，蛋白质含量18.6%左右，含油率68.8%左右；无病虫害，能避晚霜。

适宜于剑川县境内海拔1800～2700m，年均温9～16℃，年降雨量800～1600mm，≥10℃活动积温3500～5000℃的中性、微酸或微碱性和疏松肥沃土壤地区种植。

（三十九）胜 勇

深纹核桃实生栽培群体中选育的优良无性系；早熟早实，8月中下旬果熟，比“永11”早熟35天左右，3～5年进入初产期，8年进入盛产期，初产期干果产量达720kg/hm²，盛产期干果产量达12000kg/hm²；果中大，外形美观，三径均值3.4cm，平均单果重10.8g，平均壳厚0.9mm，平均出仁率58.4%，含油率65.6%左右；仁黄白美观，味香，仁饱满饱胀，取仁易。

适宜于永胜、玉龙县境内海拔1500～2100m，年均温17～19℃，年降雨量700～1000mm，≥10℃活动积温4500～500℃的褐壤地区种植。

（四十）胜 霜

从深纹核桃实生栽培群体中选出的优良无性系。早熟，8月中下旬果熟，比“永11”早熟35天左右；早实，3年进入初产期，15年进入盛产期，初产期干果产量达750kg/hm²，盛产期果产量达12300kg/hm²，以“永11”为对照，分别超过对照10%和7%；果实中大，仁饱满饱胀，三径均值3.6cm，平均单果重11.5g，平均壳厚0.81mm，平均出仁率57.8%，含油率66.36%左右；仁黄白美观，食味香醇，取仁易；抗病虫、抗寒、耐旱和耐瘠薄能力强。

适宜于永胜、玉龙县境内海拔1800～2600m，年均温10～15℃，年降雨量900～1100mm，≥10℃活动积温4000～5000℃的中性、微酸或者碱性土壤地区种植。

（四十一）寻倘1号

早实品种，树势中庸，无病虫害，抗旱耐寒，抗晚霜能力强，短果枝结果为主，分枝力强，初果期花枝率、果枝率高，8月上旬果熟；2～3年进入结果初期，8～10年进入结实盛期，初期产量189kg/hm^2，盛产期产量6000kg/hm^2。坚果单果鲜重30～50g，坚果长椭圆形，果顶微平，果基扁圆，坚果大，缝合线平，壳厚1.01mm，易取整仁，核仁充实、饱满，仁白色，味香醇，核仁含脂肪68.5%，蛋白质18.5%。

适宜在寻甸县海拔1750～2500m。酸性及中性土壤，土层深厚地区种植。

（四十二）石林6号

树体大，寿命长，树势生长旺盛，发枝力强，树姿开张，抗逆性较强，果枝率高，6～9年进入结实初期，10～15年进入盛产期，初产期产量600kg/hm^2，盛产期产量7500kg/hm^2，单果重14g，壳厚1mm，易取整仁，果仁饱满，出仁率53.57%，含油率68.36%，蛋白质含量17.8%，风味香醇，果仁口感较好，但果型欠美观。

适宜在石林县及周边海拔1700～2100m，酸性及中性土壤，土层深厚地区种植。

（四十三）东川4号

树体大，寿命长，树势生长旺盛，发枝力强，树姿开张，抗逆性较强，果枝率高，种植后6～9年进入初产期，初产期产量750kg/hm^2，盛产期产量8500kg/hm^2，单果重11g，壳厚0.97mm，三径均值3.86cm，易取整仁，果仁饱满，出仁率53.57%，含油率68.36%，蛋白质含量15.48%，风味香醇。

适宜在东川区及周边海拔1700~2100m，酸性及中性土壤，土层深厚地区种植。

（四十四）庆丰1号

3~5年进入初产期，10年进入盛产期；初产期产量5~10kg/亩，盛产期产量150kg/亩；平均出仁率62%，含油率71%，蛋白质含量22.7%；抗病性、抗寒、抗晚霜能力强、适应性强。

适宜种植在昭通市范围内，海拔1200~2400m，年均温12.7~16.9℃，年降雨量800~1200mm，≥10℃活动积温4000~5500℃。土壤类型：中性或微碱性的土壤、沙土壤。

（四十五）庆丰2号

3~5年进入初产期，10年进入盛产期；初产期产量5~10kg/亩，盛产期产量120kg/亩；平均出仁率60%，含油率67.4%，蛋白质含量18.3%；抗病性、抗寒、抗晚霜能力强、适应性强。

适宜种植在昭通市范围内，海拔1200~2300m，年均温12.7~16.9℃，年降雨量800~1200mm，≥10℃活动积温4000~5500℃以上。土壤类型：中性或微碱性的土壤、沙土壤。

（四十六）云晚霜1号

6~8年进入初产期，10~15年进入盛产期；初产期产量800kg/hm^2，盛产期产量2800kg/hm^2；平均出仁率61.8%，含油率66.2%，蛋白质含量18.2%；抗病虫害、抗旱、抗寒。耐晚霜，能耐-7℃低温晚霜，仁饱和香甜，产量高，结果稳定。

适宜种植在云南省境内滇东北、滇西北的高海拔冷凉山区，海拔1800~2350m，年均温11~15℃，年降雨量700~1600mm，

≥10℃活动积温 4000～5500℃。土壤类型：适合于中性、微酸或微碱性和疏松肥沃土壤上种植。

（四十七）云晚霜 2 号

6～8 年进入初产期，10～15 年进入盛产期；初产期产量 750kg/hm^2，盛产期产量 3000kg/hm^2；平均出仁率 53.8%，含油率 66.9%，蛋白质含量 14.8%；抗病虫害、抗旱、抗寒。耐晚霜，能耐-7℃低温晚霜，仁饱和香甜，产量高，结果稳定。

适宜种植在云南省境内滇东北、滇西北的高海拔冷凉山区，海拔 1700～2300m，年均温 11～15℃，年降雨量 700～1600mm，≥10℃活动积温 3500～5000℃。土壤类型：适合于中性、微酸或微碱性和疏松肥沃土壤上种植。

（四十八）漾江 1 号

树势强壮，分枝角度大，内膛充实树冠紧凑。坚果扁圆球形，基部较平，尖端渐尖，三径平均为 3.1cm×3.6cm×3.7cm；外观麻点多，有大有小，一般较深，缝合线较窄、较平，紧密；单果重 13.5g，仁重 7.0g；壳厚 1.2mm；内隔壁不发达，纸质，取仁较易，出仁率 50.0%～54.6%；仁饱满，味香微涩，为黄白色，含油率 70.53%～72.2%。

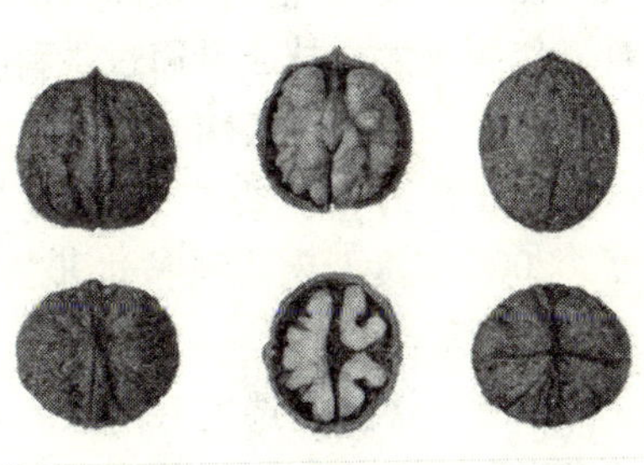

图 3-19　漾江 1 号

该品种 3 月上、中旬芽萌动，3 月下旬至 4 月上旬雄花期，4 月上中旬，雌花期；9 月中下旬果实成熟，10 月下旬落叶。

该品种丰产性强，品质较好，坚果性状较一致，适宜海拔

1600～2200m。

三、杂交品种

云南省林业科学院针对云南核桃生产中存在结实晚（8年左右才开花结果）、效益慢、种壳刻纹深密、欠美观等问题，在国内外首次选用我国南方著名的晚实良种“漾濞泡核桃”“三台核桃”（*J. sigillata* Dode）与北方新疆早实核桃优株“云林A7号”（*J. regia* L.）进行种间杂交，评定出我国南方首批5个早实杂交核桃新品种，即云新高原、云新云林、云新301、云新303、云新306，2004年和2010年分别通过了云南省林木品种审定委员会的审定。该5个早实杂交核桃新品种具有早实、丰产、优质、适应性广等优良特性，综合性状优于国内外同类品种，解决了我省传统品种结实晚、效益慢的问题，打破了几百年来我省核桃产区单一发展晚实核桃品种的格局，表现出较好的推广应用前景。作为重大科技成果通过省科技厅组织鉴定，居国内同类研究领先水平，现已在云南、四川、贵州、广西、湖北、湖南等省区推广100余万亩。获1999年度国家科技进步三等奖，1997年度、2005年度云南省科技进步二等奖2次，2003年度云南省科技进步三等奖。

大理州漾濞县选用云南漾濞泡核桃作父本，娘青夹绵作为母本进行种内杂交，选育出了漾杂1号、2号、3号等优良品种，于2011年通过了云南省林木品种审定委员会的审定，2006年获云南省技术发明三等奖。

（一）云新高原

云新高原是由云南省林业科学院于1979年种间杂交育成。亲本为云南漾濞晚实泡核桃（*J. sigillata* Dode）和从新疆引进的早实核桃（*J. regia* L.）云林A7号进行种间杂交。1986～1990

年无性系测定。1997年通过云南省科委组织鉴定。2004年12月被云南省林木品种审定委员会通过品种审定。

该品种树势强健，树冠紧凑，分枝力较强，为中果枝类型。复叶长45cm，小叶多为9片，呈椭圆状披针形。顶芽圆锥形，侧芽圆形或扁圆形，有芽距，芽柄，枝条绿褐色。侧花芽占51%，雌花序多着生2朵，坐果率78%，雌先型。在漾濞地区3月上旬发芽，3月下旬雌花成熟，4月上旬幼果形成，8月下旬坚果成熟。坚果长扁圆形。纵径4.3cm，横径3.9cm，侧径3.3cm，坚果重13.4g。核仁重7.0g，出仁率52%。壳面刻纹大浅，缝合线中上部略突，结合紧密，壳厚1.0mm。内褶壁退化，横隔膜纸质，可取整仁。鲜仁饱满、脆香、色浅，仁含油率70%左右。

一年生嫁接苗定植后2~3年结果，8年进入盛果期，株产10~15kg。该品种成熟早，早上市，是目前我省理想的鲜食及鲜仁加工品种。

该杂交新品种核桃，据近期各试验点反应，它主要的特点是早实、丰产、优质、耐寒及树体较矮化，种实个大、壳薄、成熟早，比漾濞泡核桃和大姚三台核桃提前20~30天成熟，早上市，鲜仁饱满、脆香，价格高，深受消费者的欢迎，是目前我省理想的鲜食及鲜仁加工品种。

经初步试验，在我省滇西、滇中、滇东、滇东北及滇西北海拔1600~2400m的地区适宜栽培。但必须采取适地适树，集约化经营管理措施，才能优质丰产。若立地条件不当，管理粗放，就会表现出产量低、果实小，部分空瘪现象。该品种刚育成，性状是否稳定，有待进一步观察，要发展须先进行引种试验，成功后，再扩繁推广。现已在我省昆明、漾濞、双江、云县、凤庆、耿马、巍山、永平、丽江、永胜、个旧、石屏、新平、陆良、沾益、双柏、武定、鲁甸、宣威、安宁、保山、泸西等20多个县

（市）9个市州试验示范栽植，并引种到四川、贵州、湖南、湖北等省试植。

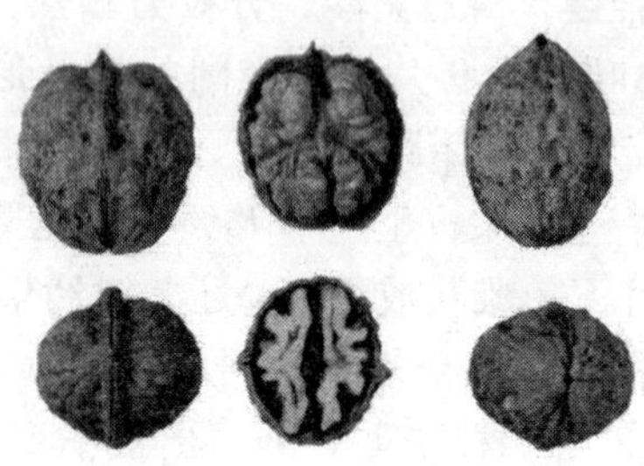

图3-20　云新高原果实

（二）云新云林

云新云林是由云南省林业科学院于1979年种间杂交育成。亲本为从新疆引进早实核桃云林A7号和云南漾濞泡核桃进行种间杂交。1986～1990年进行无性系测定。1997年通过云南省科委组织鉴定。2004年12月被云南省林木品种审定委员会通过品种审定。

该品种树势较旺，树冠紧凑，分枝力强，为中短果枝类型。复叶长46.5cm，小叶多为9～11片，呈椭圆状披针形。顶芽圆锥形，侧芽圆形或扁圆形，有芽距，有芽柄。枝条黄褐色。侧花芽占70.1%，雌花序多着生2～3朵，坐果率82.1%。为雄先型。在漾濞地区，3月上旬发芽，3月下旬雄花散粉，4月下旬雌花成熟。9月上旬坚果成熟，比漾泡提前15～20天成熟，上市。坚果扁圆形。纵径3.3cm，横径3.5cm，侧径3.2cm，坚果重10.7g，核仁重5.8g，出仁率54.3%，壳面刻纹大浅，缝合线中上部微突，结合紧密，壳厚1.0mm。内褶壁不发达，横隔膜纸质，可取整仁。仁饱满，鲜仁脆嫩，仁色黄白，含油率70.3%，味香，不涩。

一年生嫁接苗定植后2~3年结果，8年进入盛果期，株产10kg左右。该杂交新品种早实、早熟、丰产、坚果品质优良、耐寒、树体比漾泡矮化，种实中等、早上市，是理想鲜食和鲜仁加工品种。经初步试验示范可在我省滇西、滇中、滇东、滇东北及滇西北北海拔1600~2400m地区栽培，但必须采取集约化栽培管理措施才能丰产优质。若立地条件不当，管理粗放，会出现生长不良、结果少、果实小，部分种实空瘪现象。该品种刚育成，性状是否稳定，有待进一步观察，须引种试种成功后再发展。现已在我省昆明、双江、云县、凤庆、耿马、巍山、永平、丽江、永胜、个旧、石屏、新平、陆良、沾益、双柏、武定、鲁甸、宣威、安宁、保山等20多个县（市）9个市州试验示范栽植，并引种到四川、贵州、湖南、湖北等省试植。

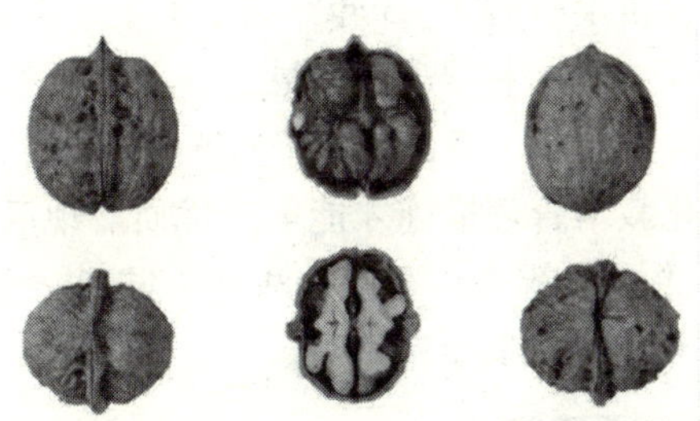

图3-21 云新云林果实

（三）云新301

由云南省林业科学院于1990年种间杂交育成。亲本为云南省大姚三台核桃和从新疆引进的早实核桃新早13号进行种间杂交。1995～2000 年进行无性系测定。2002 年 12 月通过云南省科技厅组织专家鉴定。2004 年 12 被云南省林木品种审定委员会通过品种认定，2010 年 12 月通过审定。

树势较旺，树冠紧凑，发枝力强。7 年生树高 4.05m，干径 10.1cm，冠幅 12.3m^2。为短果枝类型，枝条绿褐色。顶芽圆锥形，侧芽圆锥形。有芽柄，芽距。小叶 9～11 片，多为 9 片，呈椭圆状披针形，花枝率 95.8%，每花枝平均着花 2.66 朵；果枝率 77.9%，每果枝平均坐果 2.31 个，侧果枝占 88%，坐果率 82%。在昆明地区 2 月下旬发芽，雄先型，3 月下旬雄花散粉，4 月上旬雌花开放，8 月下旬坚果成熟，11 月中旬落叶。坚果长扁圆形。三径均值 3.2cm；坚果重 7.06g，仁重 5g，出仁率 65.07%，壳面刻纹浅滑，缝合线不突起，结合紧密。壳厚 0.81mm，内褶壁退化，横隔膜纸质，可取整仁。仁饱满，仁色黄白，味香，仁含油率 68.4%。

一年生嫁接苗定植后 2～3 年结果，8 年进入盛果期，株产 10kg 左右。该新品种核桃早实、早熟、丰产、优质、树体矮化，耐寒，适宜性较广，早上市，是理想的鲜食和鲜仁加工品种，但必须采用集约化栽培管理措施才能丰产优质。现已在我省昆明、云县、凤庆、漾濞、新平、石屏、沾益、陆良、鲁甸、丽江等 10 多个县市 8 个市州试验示范栽培。

图 3-22 云新 301 结果状和果实图

（四）云新 303

由云南省林业科学院于 1990 年种间杂交育成。亲本为云南省大姚三台核桃与从新疆引进的早实核桃新早 13 号进行种间杂交。1995～2000 年进行无性系测定。2002 年 12 月通过云南省科技厅组织鉴定。2004 年 12 月通过云南省林木品种审定委员会认定，2010 年 12 月通过审定。

树势较旺，树冠紧凑。7 年生树高 4.5m，干径 17.6cm，冠幅 14.7m²。为短果枝类型。小叶 9～11 片，多为 9 片，呈椭圆状披针形，顶芽圆锥形，侧芽圆锥或扁圆形。有芽柄、芽距，枝条绿褐色。花枝率 96.4%，每花枝平均着花 2.93 朵；果枝率 84.5%，坐果率 84.5%，每果枝坐果 2.41 个，侧果枝率 87.4%。在昆明地区 2 月下旬发芽、雄先型，3 月下旬雄花散粉，4 月上旬雌花开放，8 月下旬坚果成熟，11 月中旬落叶。坚果长扁圆形。三径均值 3.4cm，坚果重 10.6g，仁重 6.4g，出仁率 60.09%，壳面刻纹浅滑，缝合线不突起，结合紧密。壳厚 0.79mm，内褶壁退化，横隔膜纸质，可取整仁。仁饱满，仁色黄白，味香，无涩味，仁含油率 68.6%。

图 3-23　云新 303 结果状和果实图

一年生嫁接苗定植后2～3年结果，8年进入盛果期，株产6～10kg。该杂交新品种具有早实、早熟、丰产、优质，树体矮化及耐寒，适宜性较广，早上市，是鲜食和鲜仁加工理想品种。要充分发挥好新品种的经济性状，必须采用集约化栽培技术措施。现在我省昆明、云县、凤庆、漾濞、新平、石屏、沾益、陆良、鲁甸、丽江等10余个县市8个市州试验示范栽培。

（五）云新306

由云南省林业科学院于1990年种间杂交育成。杂交亲本选用云南大姚三台核桃与从新疆引进的早实、丰产优株核桃新早13号进行种间杂交。1995～2000年进行无性系测定。2002年12月经云南省科技厅组织通过鉴定。2004年12月通过云南省林木品种委员会认定，2010年12月通过审定。

树势较旺，树冠紧凑。7年生树高4.8m，干径14cm，冠幅16.23m^2。为短果枝类型。小叶7～11片，多9片，呈椭圆状披针形；顶芽圆锥形，侧芽圆锥或扁圆形。有芽柄，芽距，枝条绿褐色。发枝力1∶3.86，花枝率96.7%，每花枝平均着花2.91朵；果枝率85%，侧果枝率占88.6%，每果枝平均坐果2.41个，坐果率85.4%。在昆明地区2月下旬发芽，雄先型，3月下旬雄花散粉，4月上旬雌花盛期，8月下旬坚果成熟，11月中旬落叶。坚果扁圆形，三径均值3.5cm，坚果重10.4g，仁重6.4g，出仁率60.59%。壳面光滑，缝合线不突起，结合紧密。壳厚0.85mm，内褶壁退化，横隔膜纸质，可取整仁。仁饱满，仁色黄白，味香、无涩味，仁含油率68.4%。

一年生嫁接苗定植后，2～3年结果，8年进入盛果期，株产10kg左右。该杂交新品种具有早实、早熟、丰产、优质，树体矮化及耐寒，适应性较广，早上市，是理想的鲜食和鲜仁加工品种。但必须采用集约化栽培技术措施，方能丰产优质。现已在我省昆明、云县、凤庆、漾濞、新平、石屏、沾益、陆良、鲁甸、丽江等10余个县市8个市州试验示范种植。

图3-24 云新306的果实和果枝

(六) 漾杂1号

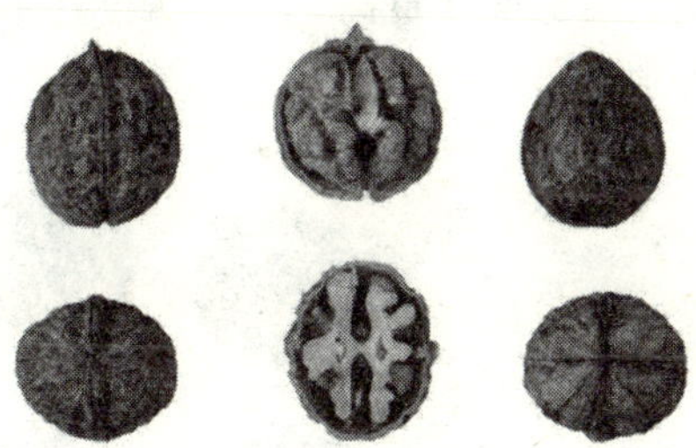

图3-25 漾杂1号果实

树势较强，分枝角度较大，内膛充实，树冠紧凑，树冠开心形，16年生植株高达11.5m；高产，单株产量达74kg，冠影产仁量达350g/m^2；优质，坚果三径均值为3.3cm×3.8cm×4.0cm，单果重达15.6g，壳厚1.0mm，取仁极易，可取整仁，出仁率高达54%，仁饱满，黄白色，味香，脂肪含量达72%，蛋白质含量达14.5%；抗性强。2011年12月通过了云南省林木品种审定委员会审定。

云南省海拔1800～2300m，年平均气温12～15℃，年均降雨量800～1200mm，保水透气良好的壤土、沙壤土，以疏松肥沃，有机质含量高，土层深度在 1m 以上为佳，pH 值 5.5 ~ 7.0 的地区。

（七）漾杂 2 号

树势较强，分枝角度较小，内膛充实，树冠紧凑，16 年生植株高达 12m；高产，单株产量达 40.26kg，冠影产仁量为 300g/m²；优质，坚果三径均值为 3.9cm×3.1cm×4.2cm，单果重达 14.7g，壳厚 1.0mm，取仁极易，可取整仁，出仁率高达 58.87%，仁饱满，黄白色，味香，脂肪含量达 70.04%，蛋白质含量达 14.32%；抗性强。2011 年 12 月通过了云南省林木品种审定委员会审定。

云南省海拔 1800 ~ 2300m，年平均气温 12 ~ 15℃，年均降雨量 800 ~ 1200mm，保水透气良好的壤土、沙壤土，以疏松肥沃，有机质含量高，土层深度在 1m 以上为佳，pH 值 5.5 ~ 7.0 的地区。

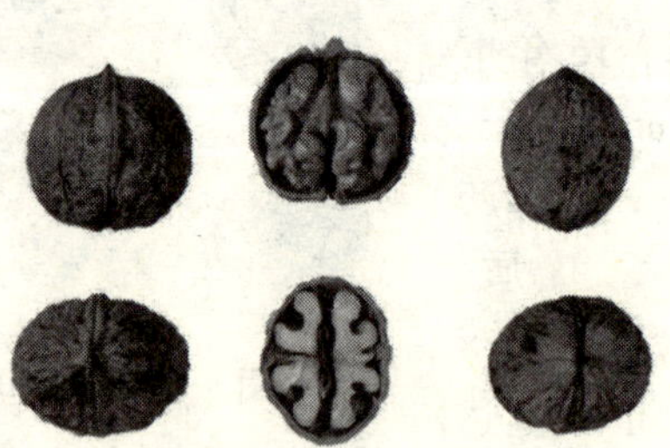

图 3-26　漾杂 2 号果实

（八）漾杂 3 号

树势较强，分枝角度较大，内膛充实，树冠紧凑，16 年生植株高达 12m；高产，单株产量达 83.68kg，冠影产仁量为

419g/m^2；优质，坚果三径均值为3.7cm×2.9cm×3.9cm，单果重达13.4g，壳厚1.0mm，取仁极易，可取整仁，出仁率高达53.85%，仁饱满，黄白色，味香，脂肪含量达71.65%，蛋白质含量达13.56%；抗性强。2011年12月通过了云南省林木品种审定委员会审定。

适宜在云南省海拔1800～2300m，年平均气温12～15℃，年均降雨量800～1200mm，保水透气良好的壤土、沙壤土，以疏松肥沃，有机质含量高，土层深度在1m以上为佳，pH值5.5～7.0的地区种植。

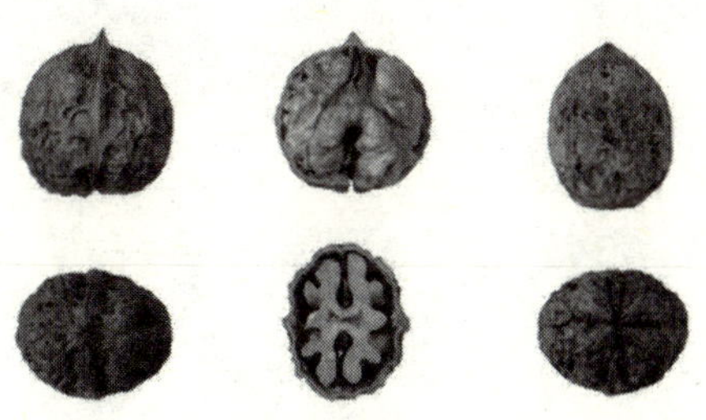

图3-27　漾杂3号果实

四、引进品种

强特勒（Chandler），该品种为美国主栽品种，是“彼特罗”（Pedro）×UC56-224的杂交代，云南省林业科学院于1995年引入云南，主要种植于滇中、滇东北地区；早实，高产，4年进入初产期，初产期干果产量达441kg/hm^2，以“漾濞泡核桃”为对照，超过对照100%；品质好，坚果长圆形，三径均值5.4cm。平均单果重11g，平均壳厚1.5mm，平均出仁率54%左右，蛋白质含量18.8%左右，含油率65.15%左右；壳面光滑，缝合线紧密，取仁易。适宜于沾益等县境内海拔 1800～2600m，年均温 8～24℃，年降雨量 800～1900mm，≥10℃活动积温的中性、微酸或者碱性土壤地区种植。

第四章　核桃育苗技术

第一节　圃地选择和规划

一、圃地选择

根据云南的气候条件和地形特征，云南核桃育苗多采用露地苗圃育苗，露地苗圃应具备以下条件：

（一）位　置

育苗地点应选在造林地附近，交通便利的地方，这样既可以减少育苗地与造林地的气候差异，使苗木很容易适应造林地气候，又可以避免因长途运输对苗木的损伤，使苗木尽量地保持完好，从多方面提高造林成活率。

（二）地　形

宜选择背风向阳、地势平坦、排灌条件好的地块，不宜在山梁、山谷、洼地、盆地、风口等地，若坡度>3°，应人工平整至<3°为宜。

（三）土　壤

土层厚度≥1m、肥沃、有机质含量丰富、酸性或微酸性的沙壤土或壤土。

（四）水　源

育苗地要求水源充足便利、水质无害。灌溉是云南核桃育苗的全过程中最基本、最必须的环节，若无灌溉条件和不能改造灌溉条件的，不能用作核桃育苗。

总之，苗圃地应选择在造林地附近的交通便利，排水灌溉条件好，地形地势平整，土壤深厚肥沃，向阳背风的地方。

二、圃地规划

根据种植规模和生产需求进行核桃苗圃的规划，设立不同类型的苗圃。云南核桃育苗苗圃主要依据育苗不同阶段的功能而区分，主要包括贮藏区、砧苗培育区、苗木嫁接区、苗木移栽区、辅助设施。

（一）贮藏区

用于贮藏和处理核桃种子和穗条。该区域要保持通风、避光、阴凉、干燥。贮藏区的主要任务是保存不能及时播种的核桃种子和待嫁接的穗条。

（二）砧苗培育区

云南核桃芽苗砧苗的培育需 3～4 个步骤完成，种子浸泡池→种子晾晒场→育苗砂床或育苗地床。该区域大小视育苗规模而确定。

（三）苗木嫁接区

主要用于核桃芽砧和移砧嫁接，该区域大小视嫁接量而确定。

（四）苗木移栽区

主要包括砧木培育苗床和芽苗砧嫁接移栽苗床，是核桃育苗最主要的场所。依地形或育苗方式将育苗区细化为若干小区，便于管理。苗床宽度1～1.2m，长度依小区区划或地形而定。

（五）辅助设施

1. 道　路

结合区划要求和地形设置，主干路为苗圃中心与外部联系的主要通道，宽度4m左右；支路依据大区划分设置，宽2～3m；支道用于小区的连通和对苗圃的操作管理，宽度1～1.5m；步道是苗床之间的空隙，便于对苗木的管理，宽0.3～0.5m即可。

2. 排灌系统

云南核桃育苗目前多采用沟灌、漫灌、管灌，有条件的地方可以采用滴灌或喷灌。苗圃应建好排水系统，在雨季应及时排水，防止水淹，造成根腐。总之，苗圃地要做到能灌能排。

3. 房屋建筑

包括仓库、温室、工具房、晒场、办公室、配电室、操作间、宿舍等育苗所需屋舍。

第二节　种子采收与处理

一、种子采收

用于培育砧苗的种子（坚果）是铁核桃类型的种子，在云南省有丰富的铁核桃种质资源，其种子发芽高，价格便宜，适应性强，是砧木种子的理想种源。铁核桃果实成熟的时间一般在9

月中、下旬（白露节前后）。当铁核桃树上的果实有1/3～1/2裂果时，表明其果实已自然及生理成熟，即可采摘。常用的采摘方法是用竹竿等物进行敲打采收。采摘时不能敲打果枝的顶端，以防损坏枝上的花芽，影响来年的产量。不能用云南核桃中的泡核桃类型的种子来育砧，其发芽率低，且不经济。云南核桃中的夹绵核桃类型的种子也可做种。但从价值上比较，以铁核桃类型的坚果做种，发芽率高，更经济、更适宜。

二、种子处理

将采收来的铁核桃果实或种子，按果实带青皮与否将其分开处理。带青皮或不带青皮的果实（种子）可直接秋播，或脱青、晾干后贮藏在通风阴凉干燥的地方，待来年春播。

第三节　砧木苗培育

一、1～2年生实生苗培育

采用当年饱满成熟的新鲜铁核桃种子，或采收后经风干贮藏的干种子播种育苗。干种子为春播，在播种前先在流水中浸泡7～10天或用100～300mg/L的赤霉素液浸泡5～7天后在阳光下暴晒，待多数种子缝合线裂开时即可播种。新鲜种子为秋播，移苗砧培育播种的株行距为5cm×15cm，沟播，沟深20～25cm。播时将种子缝合线垂直于地面平放沟内，最好种尖朝一个方向（见图4-1），播后覆土厚5～8cm，床面覆盖草类或薄膜，适时浇水、施肥、除草、排涝及病虫害防治。在气候温暖地区，管理较好，砧木地径达0.8cm的苗木可达80%左右，即可进行嫁接。在气候较冷，管理较差的情况下，要2年才有80%的砧木苗达到嫁接标准。

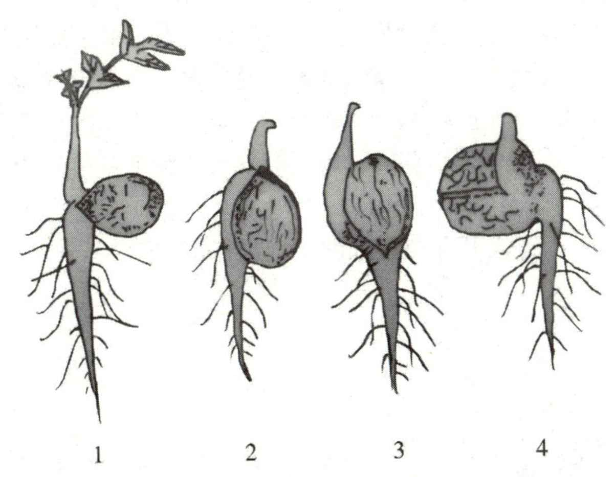

图 4-1　核桃种子摆放和出苗的关系

1. 缝合线与地面垂直　2. 种尖向上　3. 种尖向下　4. 缝合线与地面平行

二、芽苗砧的培育

芽苗砧木苗培育分秋播和春播。秋播是将采到的种子及时用湿沙埋藏催芽。做法是在苗圃地内选择一块背风向阳的地块，挖出或用砖砌成一个宽 1m、长 10m 左右（可据地形而定）、深 0.5m 的催芽坑或催芽床。其底部垫 30cm 厚的湿沙，将需播的种子按缝合线与地面垂直，种尖方向一致，依秩序紧密地排放在其上，摆放一层后，用湿沙覆盖 10cm 厚，浇透水，床面用薄膜覆盖，床上搭建塑料拱棚，以利保湿增温促进种子发芽。在催芽期间必须保持催芽床沙子的湿润，不能时干时潮，晴天中午温度高时，应打开塑料棚两端散热，以防发芽后的苗木被灼伤。至翌年 2 月至 3 月初，所育的芽苗砧高达 20 ~ 30cm，地径达 0.5 ~

1.0cm时即取出嫁接。芽苗砧的春播育苗是将晒干的种子用水或用100～300mg/L的赤霉素液浸泡7～10天后进行湿沙催芽培育砧木苗（催芽方法及管理同秋播）。近几年来，景东地区的农户经探索出一种刨土芽苗砧嫁接的新方法。经秋播或者春播，播种株行距为10cm×25cm，覆土厚度5～8cm。播后浇透水，用薄膜覆盖苗床。当种子发出芽时，应及时从覆盖物下放出其芽。到翌年1月底至2月上、中旬，苗高达30～40cm，地径粗0.5～1.0cm时，即可刨开芽苗根部的土壤进行嫁接。

三、砧木的管理

（一）遮　荫

在气候较热的地区育苗，种子发芽初期，应适时覆草或搭设遮阳网，防止出土幼苗受到日灼伤害。

（二）中耕除草

苗木出齐后，进行2～3次中耕除草，如果雨水较多，根据杂草滋生情况，可增加1～2次。

（三）摘　心

夏末秋初，对长势较旺，高度在50cm以上的云南核桃砧木苗进行摘心处理，以培育壮苗，摘心处理可与中耕相结合进行。

（四）灌　水

灌水应在春季进行，视土壤湿度状况，灌水2～3次。

（五）施　肥

5～6月期间，生长旺盛苗木施尿素10～15kg/亩，土壤肥沃不必施；7 月份追施磷酸二氢钾 8 ~ 10kg/亩；半年砧苗待苗木基本出齐后结合灌溉追施尿素 5 ~ 10kg/亩。

（六）排　水

雨季要注意及时排涝。

第四节　嫁接苗的培育

核桃繁殖必须采用无性繁殖，才能保持母本的优良遗传性状，实生繁殖变异很大，不宜采用。

云南核桃无性繁殖主要采用嫁接繁殖方法。过去多年来，采用了嫁接的老方法，嫁接成活率在 5% ~70% ，很不稳定，多数在 20% ~30% 。因此导致了嫁接苗的供应不足，从而影响了云南核桃生产发展的进程。经云南省林业科学院多年的研究，云南核桃嫁接成活率低的主要原因有二：一是其核桃树体的内因。云南核桃树体内富含单宁，当嫁接时，用刀削伤接穗和砧苗时，削面组织暴露出的单宁很易被氧化，形成隔离层，使砧木和接穗的形成层组织不易沟通，砧木的水分养分不能供给接穗而影响其的成活。此外，在嫁接期间，刚处于云南核桃树的树液萌动期，树液开始流动，坐地苗砧和幼树砧的嫁接会产生大量的伤流，因此，不利于接口的愈合，也是嫁接成活率低的另一主要内因。二是外因。云南核桃嫁接育苗期间，正值云南的干季，空气湿度较低（50% ~60% ），亦较寒冷（月均温 8 ~ 10℃），又干又冷的环境条件，不利于嫁接伤口的愈合。经多年的观察研究，采用常规的嫁接方法，嫁接成活率较高的年份是当年春雨来得较早，空气湿度较大（在 80% 左右），气温较高（月均温度 12℃左右），其嫁接成活率达 60% ~70% ，而在通常年份，其嫁接成活率很低，只是10% 左右。要提高云南核桃嫁接苗的嫁接成活率的重要因素之一，是提高嫁接接口的温度和湿度，以利于接口的愈合。嫁接植株的嫁接口温度在12.7～19.35℃，相对湿度在90%～95%较为适宜，在此条件下，平均嫁接成活率为85.74%，最高98%。接口愈合的快慢、时间的长短与接口温度（不超过36℃）成正相关，因此嫁接植株的接口及根系土壤的温度是提高嫁接成活率的关键。核桃高效嫁接技术的各种方法，各具特色，可适应不同地区，不同气候类型核桃嫁接的需求。另外，这些方法操作简便，设备简单，嫁接成活率高、出苗快、苗木健壮、成本低、效益高、易推广，既适宜个体户育苗，又适宜规模化生产。以下介绍云南核桃嫁接的主要技术。

一、良种接穗的采集与处理

（一）优良品种接穗的采集

在云南一般在1月上中旬至2月初采集云南良种核桃嫁接苗用的优良品种的接穗。接穗过于采早，因采穗母树尚未完全休眠或因贮藏时间过长，而影响接穗的嫁接成活率；接穗采晚了，采穗母树开始萌发，亦会影响其嫁接成活率。最好的采穗时间是在采穗母树完成休眠后至尚未萌动之前。

（二）接穗质量

所采接穗必须是生长健壮、芽眼饱满，木质化程度较高、无病虫害的一年生营养枝或结果枝。

（三）穗条的处理

采集后的穗条应放在阴凉通风的室内，3～5天后，让穗条的含水量少量丧失，有利于贮藏。将晾后的穗条剪成每条只有

图 4-2 蜡封接穗

10 个左右饱满芽的短接穗，以方便作蜡封处理。蜡封接穗的方法是：将工业用石蜡和蜂蜡按 10∶1 的比例放入加热器皿中，加热至温度 100～110℃，把整理剪好的短接穗迅速插入蜡液中蘸蜡（见图 4-2），使整条接穗用蜡封严，待蜡封接穗冷却后装入纸箱（纸箱周围戳有通气孔），置于阴凉通风的室内贮藏。一般可贮存 30～50 天，对其嫁接成活率影响不大，超过 50 天后，随贮藏时间的延长，嫁接成活率会逐步下降。若封蜡配方中的石蜡比例偏大，封后接穗的蜡衣很脆，会分离脱落。蜂蜡比例偏高，封在接穗上的蜡衣嫁接后，经太阳照射很易流掉，达不到蜡封的效果。此外，封蜡时 100～110℃ 的蜡液温度是经过多次试验获得的最适宜温度。温度偏低，封在接穗上的蜡层过厚，浪费蜡液。温度偏高，会烫伤接穗上的芽，严重影响嫁接成活率，因此必须遵循。

二、嫁　接

（一）嫁接时间

云南省地形复杂，气候多样，各地气候条件不同，而且同一地区每年气候变化也不一样。因此，不能规定一个统一的时间，而应根据当地的气候条件尤其是核桃树的物候情况来灵活掌握。具体以育苗地霜期长短和气温高低而定，霜期短春季气温高的地区 1 月中旬至 2 月中旬嫁接；霜期长春季气温低的地区 2 月中旬至3月中旬嫁接。

（二）常规嫁接方法

1. 枝　接

（1）插皮接（见图4-3），又称皮下接，斜马接。此方法适用于直径3cm以上的砧木。削接穗：在准备好的二年生接穗枝条的一面，从一、二年间的节间处开始，向下削长约5cm的马耳形斜面（大面），在其另一面削约1～2cm长的斜面（小面不要过髓心），接穗削好后，将斜面含入口中。砧木的削切方法有两种：一种是砧木切成马耳形斜面，修滑切面后，在斜面下端用刀尖顺树皮纵开3cm左右，将树皮往两边轻轻挑开，迅速插入

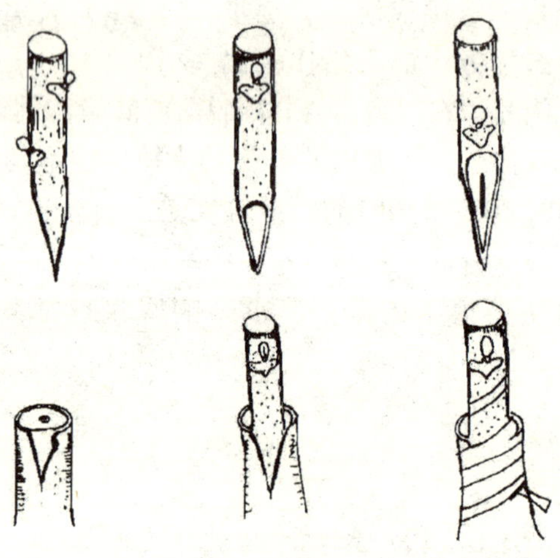

图4-3　插皮接

接穗，使砧木斜面下端高出接穗斜面1cm以上，以防止砧木上部干枯后影响接穗成活；另一种方法是将砧木切削成横切面，修滑切面后，先用一个和接穗粗度大致相同的小木楔从砧木树皮与

木质部之间插入，撑开接口，插入木楔的深度要小于接穗斜面的长度，拔出小木楔后，立即将削好的接穗插入接口。如果砧木大，树皮能把接穗箍紧，可以不必绑扎，但要用黏山药、接腊等涂封接口。

此法操作简单，成活率高，也很适用于高枝接等。

（2）切接（见图4-4），又称破头接、劈接、割接。选择三年生以上，直径不小于3cm的核桃砧木，在离地面约20cm处将砧木切断，修滑切面，然后在横切面上用刀纵切约5cm的切口。砧木切好后，将准备好的二年生接穗枝条，从一至二年生的节间处（群众称为马蹄或磨盘节）开始，分别将两面削成同等的两个斜面，斜面长度与砧木切口的深度大致一样。削好后将接穗的斜面含在嘴里，再用刀尖将砧木切口形成层处变黑了的氧化单宁轻轻刮掉，迅速将接穗插入砧木切口，插时要是接穗和砧木的形成层（群众称黄衣）密切结合，用麻皮将砧木切口紧紧绑扎，并用拌过泥的牛粪、黏山药或接蜡封闭接口。

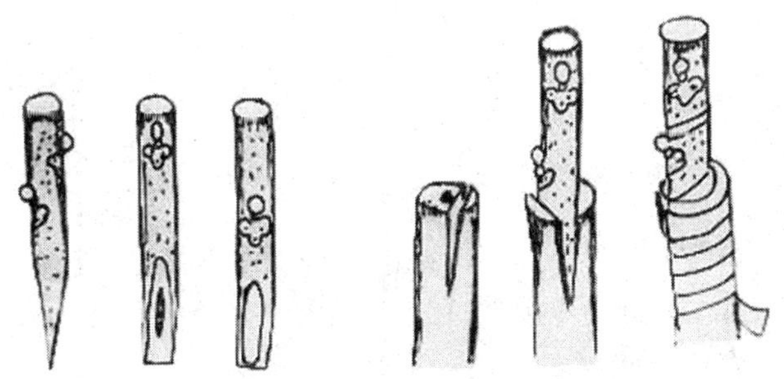

图4-4　切　接

2. 芽　接

（1）方块芽接（见图4-5），又叫滑皮接。此法适用于嫁接部位直径2～4cm的砧木。在砧木上选择光滑微突起处作为嫁接部位（切勿选平凹的部位），在高于嫁接部位30cm左右处，将砧木上部切除，然后将接穗枝条紧靠砧木，使选用的芽对准砧木的嫁接部位，在接芽上下相隔3cm左右处，用刀在砧木和接穗上各划一横线痕，使切下的芽片和砧木的切口长度一样。然后按划好的横线痕在砧木上、下方各横切一刀，深达木质部，再在侧方切一刀，将树皮挑起，又安还原位，以防切口干燥和氧化。砧木切好后，再按划好的线痕和离叶柄痕较近两侧将接芽切成长方形，把芽两侧的皮轻轻挑起，用拇指和食指按住芽片，适当用力搓一下，将芽片剥下，这种剥下的芽片，带着“护眼肉”（即芽心，生长点）嫁接才能成活（如果剥下的芽片没有护眼肉，不能用作嫁接，即使愈合后接芽也不会萌发）。芽片剥下后要迅速镶入砧木切口，使芽片的下方和一侧与砧木切口密切结合，用麻皮紧紧绑扎，再用接蜡或黏山药等封闭接口。

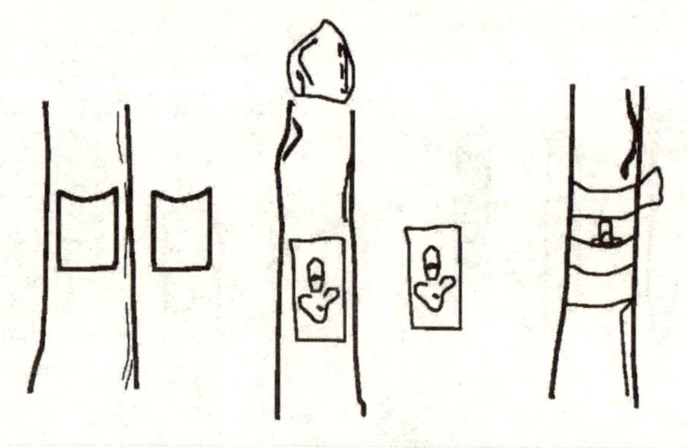

图4-5　方块芽接

（2）削芽接（见图4-6），又称琼氏芽接。在离地面50cm

处将砧木切断，用刀在砧木一侧削长 4 ~ 5cm 的舌状切口，深略达木质部，再将树皮上半部切去，保留下半部作为夹合芽片之用。砧木削好后，选一年生接穗纸条上的健壮芽，在其上、下 2cm 左右处削取一舌状芽片，可稍带木质部，芽片削好后，迅速插入砧木裂口的树皮下，务必使两者的形成层对准，用麻皮绑紧后，再用接蜡或黏山药等涂封接口。此法嫁接节令可从上年的小寒、大寒到下年的雨水、惊蛰，历时两个月。

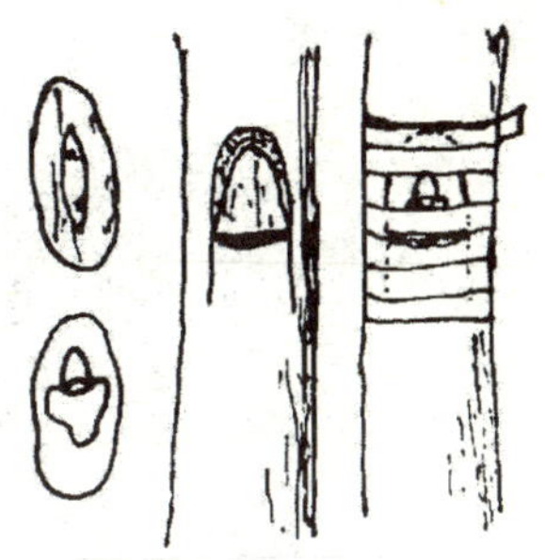

图 4-6　削芽接

不论采用哪种嫁接方法，都要求正确掌握嫁接节令，操作迅速、准确，刀要锋利，切口光滑、平整，否则就会影响嫁接的成活率。

（三）高效嫁接方法

该方法是云南省林业科学院多年的研究成果，主要是芽苗砧嫁接、移苗砧嫁接及蓄热保湿嫁接。近年来景东地区也探索出坐地的芽苗刨土嫁接方法。

1. **芽苗砧嫁接法（见图 4-7）**

该方法适宜在气候温暖或较热的地区采用。嫁接时间为每年的 1 月中旬至 3 月上旬。将培育好的芽砧苗刨起后，在芽砧苗的最粗的部位上 3 ~ 5cm 处剪断，采用破头接。插入接穗时要对准砧木的形成层，用塑料条包扎接口，松紧适度。嫁接后将芽苗砧嫁接苗栽入苗床，株行距 10cm×30cm，接口可露出土面（气温高地区）或浅埋于土下（气温低地区），浇透水，床面覆盖地膜，接穗露出膜面，膜上压细土，保湿增温。此法，从育砧到嫁接直至苗木出圃只需 1 年时间，育苗周期短，效率高，成本低。

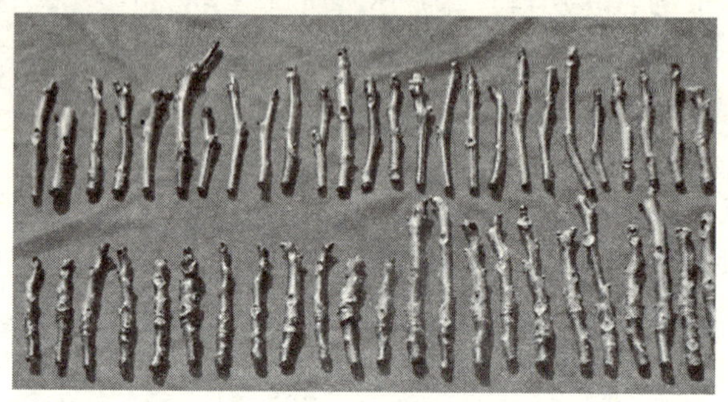

图 4-7-1　芽苗砧嫁接之穗条

图 4-7-2　芽苗砧嫁接之砧木

图 4-7-3　芽苗砧嫁接之砧木

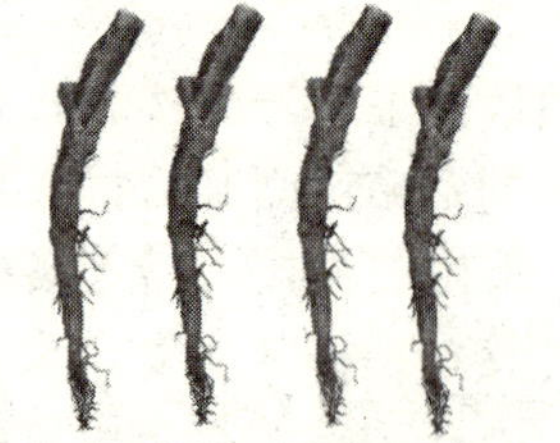

图 4-7-4　芽苗砧嫁接之接嵌

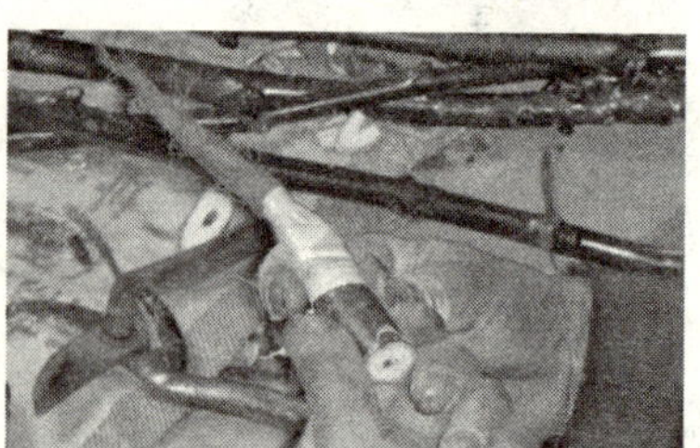

图 4-7-5　芽苗砧嫁接之绑扎

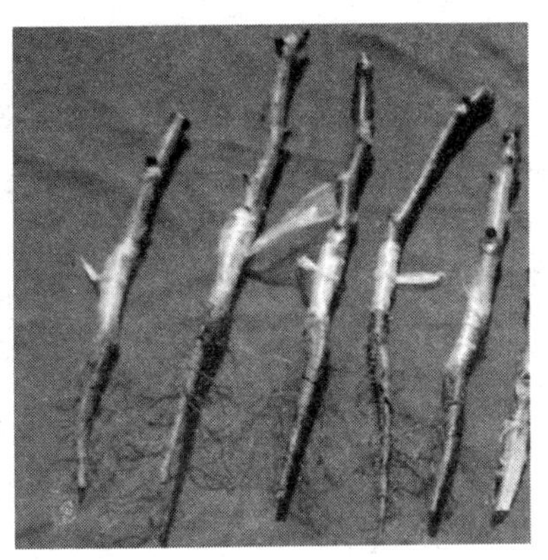

图 4-7-6　已完成的芽砧嫁接苗

2. 移苗砧嫁接法（见图 4-8）

此方法适应范围较广，冷热地区均可采用。其嫁接时间在每年的 1 月中旬至 3 月上旬。滇南、滇西南较热地区可在 1 月中旬开始嫁接，在滇西、滇中等地在 2 月上、中旬开始嫁接，在滇西北、滇东北较冷地区可在 3 月上、中旬开始嫁接。其嫁接方法是：用挖起的 1 ~ 2 年生移苗砧及良种的蜡封接穗在室内嫁接。采用单芽切接，嫁接后栽入苗床，株行距 10cm×30cm，每亩种移苗砧嫁接苗 15000 株左右。在较冷地区，种植时可将接口埋在土下，较热地区接口可露于土上。栽后踩实土壤，浇透水，床面覆盖地膜，接芽须露出膜面，以免烫死，膜面上压细土，以利苗床的增温保湿，提高嫁接苗的成活率。该方法从培育苗砧到嫁接直至苗木出圃需 2 年时间。移苗砧挖起后应于嫁接地旁、背阴潮湿地中假植，在室内进行嫁接。挖起移苗砧进行嫁接能完全克服苗木伤流的产生，亦是提高其嫁接成活率的主要原因之一。

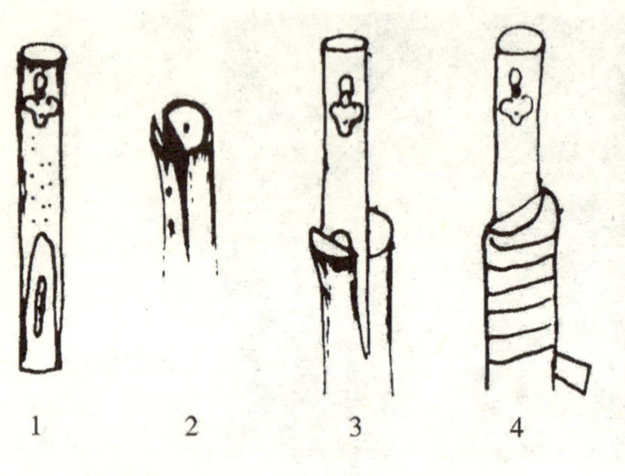

图 4-8-1　移苗砧嫁接法之嫁接

1. 接穗　2. 砧木　3. 接合　4. 绑扎封顶

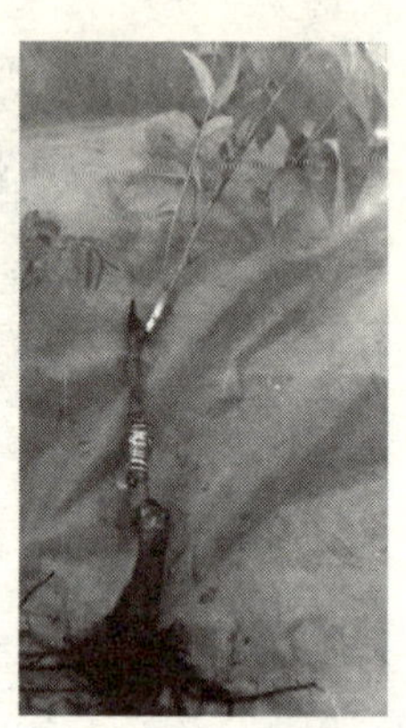

图 4-8-2　移苗砧嫁接法之嫁接苗

3. 蓄热保湿嫁接法（见图 4-9）

该方法主要用于寒冷地区的云南核桃嫁接苗培育，及铁核桃幼、中龄树的高枝换优嫁接改造。对苗圃地内坐地砧苗进行坐地嫁接或对零星分布的 1 ~ 10 年生铁核桃树进行嫁接改造。可采用破头接或插皮接，将削好的接穗插入砧木接口，对准形成层，绑紧，然后在其接口部位加绑一个蓄热保湿塑料袋。将其袋的下口紧扎于接口的下方，使接口和部分接穗包在蓄热保湿袋内，袋内装入湿锯末（腐殖土或细湿土），松紧适度，扎紧上口，接穗顶芽必须外露（若包在袋内，接穗就会烫死）。袋内中午的温度可达 40℃左右，

图 4-9　蓄热保湿嫁接法

湿度在85%左右，形成一个高温、高湿的小温室。套袋绑扎完毕后，在蓄热保湿袋底部用尖木棍通一个小孔排水，避免雨天，袋中水分过多，浸泡腐烂接口，影响嫁接成活率。在7月中、下旬当抽梢50~70cm，接口愈合牢靠时，即可去除保湿增温袋及绑扎带。去袋前，先将袋的上方打开后7天左右，将套袋及绑扎带一起用力划去。

4. 芽苗砧刨土嫁接法

该方法是普洱市景东县农户探索出的育苗新方法，多用于气温较高或温暖的地区。在每年1月中旬至3月上旬进行，将已育成的芽砧苗根茎部位的土刨开，露出的较粗根茎作为嫁接部位，采用单芽切接的方法嫁接后，将所刨出的细土恢复至原位，埋住或外露接口，冷地区可埋接口，热地区不能埋接口，浇透水，床面覆盖地膜。接芽必须露出膜外，以防灼伤至死。该方法的嫁接成活率一般可达80%左右，可做到当年嫁接当年出苗。

（四）嫁接苗的管理

云南核桃嫁接苗接后的良好管理，关系到其苗嫁接成活率的高低和苗木生长质量好坏。主要管理措施如下：

（1）防止人、畜危害。应禁止人、畜进入苗圃地和通行。

（2）嫁接后经常进行检查，发现接蜡破裂，要随时补涂，保持接口密封。

（3）抹除砧木上的萌发芽。嫁接苗的砧木易萌发生长大量幼芽，影响嫁接成活与接芽的生长，应及时抹去，发芽后7~10天抹一次。

（4）解除嫁接口上的绑扎条。嫁接苗的新梢长达50~70cm即可解除嫁接口上的绑扎条。有时为了防止起苗和运输途中接口劈开，而待种植时才解绑亦可。

（5）嫁接后，如果在当年或第二年结果，在幼果刚形成时就把它摘掉，使养料集中供应新梢生长时期迅速形成冠幅。

（6）加强肥水管理和病虫防治。在旱季要保持苗床土壤湿润，每10～15天应浇一次水；在嫁接苗生长旺盛期（6～7月），每亩追施50kg尿素，采用沟施或穴施；在秋季应适当增施磷钾肥；在嫁接苗的生长期，除草松土3～4次。云南核桃嫁接苗的病害主要是菌根性根腐病，主要是因圃地排水不良引起的。发生时，可用1%硫酸铜或甲基托布津1000倍液浇其苗根部，每亩用液250～300kg。也可用生石灰粉撒于苗茎基部及根际土壤处，防治效果良好。另外，嫁接苗有时会发生炭疽病、溃疡病及白粉病，发病时，可喷70%的甲基托布津可湿性粉剂800倍液、多菌灵，其防治效果好。云南核桃嫁接苗主要的害虫有象鼻虫、刺蛾、金龟子，绿蝉蛾等，可用2.5%溴氰菊酯500倍液喷杀效果较好。

第五节　苗木出圃

嫁接苗出圃是云南核桃嫁接苗培育过程中的一个重要的生产环节，起苗要适时。云南核桃是落叶干果树种，当苗木已大部落叶（80%），进入休眠期才能起苗。起苗时应保持嫁接苗主侧根的完整，尽量少伤苗木根系。苗木分级按中华人民共和国国家标准《核桃丰产与坚果品质》（GB7907-87）和云南省地方标准《主要造林树种苗木》（DB53/062-2007）中嫁接苗质量的规定（表4-1）执行，根据表中1、2级苗为可供栽植的合格苗，3级外苗不能出圃。起苗后不能立即运走的苗木要及时进行假植，浇透水，用草进行覆盖。苗木外运必须进行包装打捆，喷上水，挂好标签，注明品种、数量、起苗日期等。外运的嫁接苗要办理相关手续。

表 4-1　　　　　　嫁接苗的质量等级

项目	国标		省标	
	1 级	2 级	1 级	2 级
苗高（cm）	>60	30～60	>40	25～40
基径（cm）	>1.2	1.0～1.2	>1.2	1.0～1.2
主根保留长度（cm）	>20	15～20	>20	>10
侧根条数	>15		>8	>6

第五章　核桃园建设的综合技术

第一节　种植园地的选择与规划

一、园地选择

（一）选园依据

核桃园的合理规划，能充分发挥栽培技术的效果，降低生产费用，提高经济效益。核桃园规划应当对当地的地形、地貌、位置、方向、水源、植被进行全面调查和分析，然后再针对该地区特点做出科学规划。为便于水土保持和栽培管理，一个大面积的山地核桃园，要因地制宜划分种植区。划分小区的原则是尽可能使一个小区内的土壤、气候、光照条件大体一致，并便于水土保持，便于营造防护林，便于果园中的运输和机械化作业。为了便于运输、管理和经济利用土地，核桃园的道路设置要尽可能与土地区划、防护林带和排灌系统相结合。道路分为主路、支路和小路。主路贯穿全园，与外路相连，可通汽车与拖拉机。

（二）种植园选择

选好云南核桃的种植园地，就是种植成功的一半。云南省地形地势复杂，具“一山分四季，十里不同天”的立体气候，因此一定要根据不同品种的云南核桃对气候条件的要求，选择好种植园地。选作云南核桃种植园地有以下的条件及要求。

1. 气候条件

云南核桃属温带干果树种，要求气候温凉，一般所选园地的年均温为12.7～16.9℃，与其相应的海拔高度为1600～2200m（在昭通地区的海拔高度为1200～2000m）。

2. 地形、地势条件

应选择背风向阳的平地、缓坡地（坡度不超过25°）、箐沟平地、山脚及农耕旱地的田边地角，房前屋后作为云南核桃的种植地，风力过大对云南核桃树生长不利。

3. 土壤条件

云南核桃树要求土壤的pH值为5.5～7.5，即微酸性土壤及微碱性土。土壤要求深厚湿润肥沃，以保水、透气良好的壤土或沙壤土为宜，其地下水位应在地表2m以下。

4. 综合因素

云南核桃的种植园地应选在交通方便，排灌条件好，具有一定的技术力量，及产、供、销等社会条件完备的地方，以提高核桃园的经营效益。

二、园地规划

云南核桃种植园的选定，应遵循适地适树适良种的原则，园地选定后，应做出发展规划。在做种植规划时，应按照各云南核桃品种的生长发育特性，选出适宜栽植的地块。整个园地应按其地形地势，结合山、水、林、土的特点，进行整体性的规划设计，采取相应措施，改善园地的生态环境，促进核桃生产的发展。

（一）规划的内容

（1）按照建园方针、经营方向的要求，结合当地的自然条件、物质条件等综合特点进行整体规划。

（2）要因地制宜，适地适品种，选好良种。依品种特性，确定品种配置及栽植方法。

（3）应做到种植小区、水、电、路、建筑物等有机结合，合理布局，其种植地面积在70%左右。

（4）应拟定园地土壤改良的措施。

（二）规划步骤

1. 园地踏查

了解园地概貌及基本情况，为其种植园规划打下基础。参加园地踏查的人员为果树栽培、植物保护、气象、土壤、水利、测绘等方面的技术人员。调查了解种植园地的年均温、积温，无霜期，年降水量及分布等气候条件。了解种植园地的土层厚度，土壤质地，pH值，有机质含量，氮、磷、钾及微量元素含量等土壤条件。以及园地以前所生长的树种及作物。调查了解种植园地的水源情况、水利设施、灌溉条件等，并测量面积及绘图。

2. 规划设计

不论平地或山地建园，测完地形、面积、等高线以后，按核桃园规划的要求，根据园地的实际情况，对作业区、防护林、道路、排灌系统、建筑用地、品种的选择及配置等进行规划，并按比例绘制核桃园平面规划设计图。为补充规划设计图之不足，还应附有核桃园规划设计说明书，主要内容包括：建园目的及任务；规划设计的具体要求；作业区、防护林、排灌及道路系统，土壤改良，株行距、品种配置、栽培方式、建园进度及栽后管理等的规格和安排。除外，还应对园地周边地区的人口、劳力、经济、交通、能源、管理体制、市场销售、农业区划、污染源等的社会环境状况进行调查。

第二节　种植模式

一、规范化的种植模式

该种植模式一般是在立地条件较好，地形、地势较平整，进行密植丰产试验或小面积栽培时应用。此种种植模式要获丰产，除应用良种外，其经营水平要高，采用集约化栽培技术措施，方能使所经营的核桃园地获得丰产、稳产、优质（见图 5-1）。当前此种植模式较少。

图 5-1　云南核桃规范化种植模式

二、套种模式

套种模式是指云南核桃与农作物或其他果树、茶叶、药用植物等长期间作，是能充分利用林下空间及光能的生态立体种植模式，比单纯的种庄稼或单纯的种核桃的经济效益要高 40% 左右。

此种种植模式能够以耕代抚，以短养长，实现经济最大化，可大面积推广。这是云南省目前经营面积最大、产量最高、质量最好、最受农民欢迎的核桃种植模式（见图5-2）。

图5-2-1　核桃间种烤烟

图5-2-2　核桃间种玉米

三、四旁栽培

在云南核桃适生地区的房前屋后、路边、沟边、田边地角等闲散地进行见缝插针的零星栽植（见图5-3）。此种模式是云南省核桃产区常看到的种植模式。

图5-3-1　云南核桃四旁（房前屋后）种植模式

图 5-3-2 云南核桃四旁（水沟边）种植模式

图 5-3-3 云南核桃四旁（路边）种植模式

第三节　种植园地的整地和种植

一、园地整地

（一）整　地

1. **坡地改良**

坡度是指坡面的倾斜程度，坡度除对光照有一定的影响外，主要是对水土流失强度影响较大，坡度越大、坡面越长，径流水的流速也越大，它带走的泥沙数量也越多，长期侵蚀使土壤变贫瘠。云南核桃种植前需要先对种植地进行改良，对于坡度<15°的坡地，可直接打塘种植，对于坡度在15°～25°之间的，要将坡地改造为台地后再种植。坡度>25°不宜种植核桃。

在15°～25°坡地，要沿等高线开出种植水平台地。本着上挖下填、削高填低、大湾顺势、小湾取直的原则，筑成外埂略高、内侧稍低的水平台地。台面因地制宜一般宽3～5m。台地的内侧挖出宽30cm，深15～20cm的排水、蓄水沟。防治水土流失或排水不畅而引起坍塌。每隔2～3台台地需设置一条隔离带，隔离带的宽窄按地形地势而定，一般2～3m，隔离带上应保留原有植被（图5-4）。台地整好后，台面全面深翻30～40cm，按规定的种植株行距挖定植塘。

2. **打　塘**

打定植塘有利于土壤熟化和种植塘内水分的增加，在夏末秋初进行。塘的规格长×宽×深为（80～100）cm×（80～100）cm×（80～100）cm。没有条件提前打塘的地方，也可以在种植前现挖现栽。塘可打成立方体，也可打成圆柱形，立方体长宽80～

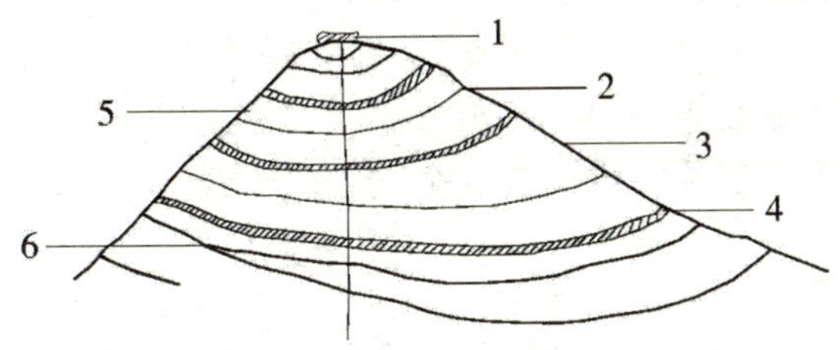

图 5-4-1　水平台地修建与灌水系统设置示意图

1. 蓄水池（作业区最高处设蓄水池）　2. 等高线　3. 等高线太宽（加一台）　4. 隔离带　5. 蓄水池灌水主道（沿等高线设灌水支道）　6. 等高线太窄（减一台）

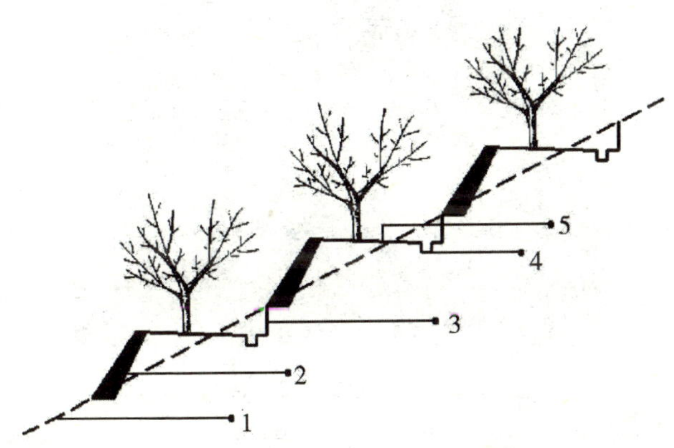

图 5-4-2　台地修建剖面示意图

1. 原山地坡度线　2. 台地壁　3. 削台地内壁　4. 排水沟　5. 台面种植地面

注：15°～25°坡地建台地示意图

100cm，深 80～100cm，圆柱体直径 80～100cm，深 80～100cm（见图 5-5）。挖时将塘中的表土与心土（石）分开堆放。如果土壤黏重或下层为石砾、不透水层，则应加大、加深定植塘，并采用客土进行改良。回塘时，每塘用 60～100kg 农家肥（厩肥、绿肥、堆肥等）和 1kg 普钙或 1.5kg 钙镁磷肥与表土拌匀后填入塘内。农家肥缺乏的可用树叶、杂草、草皮土、有机垃圾等代替。打塘的位置一般按水平布置，即每行都在同一水平面上。对于地形过于复杂的地方，可以先修大鱼鳞坑，然后逐步扩大成树坪。鱼鳞坑是一种水土保持造林整地方法，在坡面和支离破碎的沟坡上沿等高线自上而下的挖半月形坑，沿山坡呈“品”字形排列，形如鱼鳞。鱼鳞坑具有一定蓄水能力，在坑内栽树，可保土保水保肥，人工直接刨挖，表土回填，生土培埂。

图 5-5　机械打种植塘

（二）园地配套设施

云南核桃树具有强大的主根和分布较广的侧根，要求土层深厚、较肥沃、含水量较高的土壤。山地核桃园多数无灌溉条件，冬春干旱季节，缺水严重，不但影响核桃树的正常生长和结果，甚至影响树的成活。夏秋雨季，降雨集中且强度大，水土流失严重，导致树体死亡。因此，核桃园排灌系统的设置，是保证核桃获得高产稳产的重要环节之一，在规划中应重点考虑。要按照既要方便排灌，又要有利于保持水土的原则进行设计，做到雨季能排能灌，小雨时雨水不流失，大雨时泥土不下山，旱季能灌。灌水系统包括引水、输水、灌溉渠道和水池。有条件的可选择修建微型水库，无条件的可根据荒坡面和降水量情况，在核桃园上方挖掘一定高度、深度和长度的横沟，并在适当位置修建水窖蓄水（见图 5-6）。微型水库和水窖水的来源主要依靠雨季积蓄自然水。排水系统由排水干渠、支渠和小渠组成。山地核桃园要在园地的最上方外围挖掘深沟，用于拦截蓄积山顶冲下来的山水，防止核桃园内的水土冲刷。山坡较长，梯地级数较多的核桃园，应在中部适当位置增开 1 ~ 2 条壕沟，以减缓水力。在每行梯地的内侧，也应挖一道排水沟。地下水位较高的地块，应特别重视排水系统的设计，排水沟要结合降低水位加大深度。

图 5-6　小水窖

核桃园配套设施包括场部、生活区、仓库、农具间、晾晒场、粪池、沤肥坑等。粪池和沤肥坑应设在各区路边，以便运送肥料。一般 15 ~ 30 亩核桃园应设置一口粪池或沤肥坑，可积蓄 15 ~ 30 吨的肥料，供核桃园一次施肥用。

二、种　植

（一）良种选择

云南省核桃种质资源十分丰富，要本着因地制宜、适地适树适良种的原则，选择适应性强、丰产优质的优良品种种植。可选用漾濞泡核桃、三台核桃等传统主栽品种，也可选用近年来经审（认）定的优良品种。

（二）苗木选择

种植苗要选择那些粗壮而直，上下匀称，无冻害风干，充分木质化，色泽正常，根系发达，主根较短，嫁接口处愈合良好，无病虫害和机械损伤，有较多侧根和须根的健壮苗。苗木标准至少要达到省级 1 级或 2 级。长期以来，有一种误解，认为栽小苗比种壮苗成活率高，其实，恰恰相反，栽壮苗的成活率远高于栽小苗。

（三）定植时间

云南核桃树的定植时间分春、秋两季，但以春季为主。在灌溉条件较好的地方，应采用春种（立春前）；在缺水无法灌溉的地方，秋末冬初核桃苗已进入休眠，秋雨尚未结束，土壤湿度较大时采用秋种。

（四）栽植方式和密度

苗木的栽植方式一般要根据核桃品种、种植目的、山势及地形而定，凡山势平缓，坡度不大的，可以按长方形栽植；如果坡度大台面窄，则以三角形为宜。栽植密度根据当地气候、土壤条件、品种以及核桃园管理水平综合考虑。种植晚实品种的株行距为（7～8）m×（8～9）m（每亩8～12株）。种植早实品种的株行距为（4～5）m×（5～6）m（每亩20～30株）。

（五）栽植技术

云南核桃树苗定植前，应剪除苗木的伤根及烂根，解去绑扎嫁接口的薄膜。有条件的地方，可用100ppm生根粉液或吲哚叮酸液蘸根后再栽植。在原回塘的中央，根据苗木根系长度挖定植穴，然后将苗木放入穴中，舒展根系，填入部分细土后，轻提苗木，让其根系舒顺（种植的深浅应适度），再填入一些细土踩实，在填土约一半时，先浇水1次，让所浇水分能达到定植苗的根部，再继续填土与地面相平，全面踩实后，围出树盘，再浇第2次水，这样定植塘内的土壤含水均匀。待水渗透后，再用细土覆盖塘面，盖上薄膜，用细土压紧即可（见图5-7）。

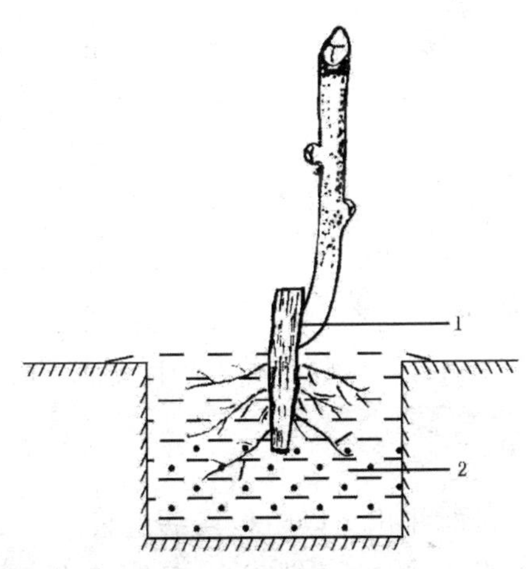

图5-7 云南核桃栽植示意图

1. 嫁接口 2. 表土和有机肥、钙肥等的混合物

第四节　栽后管理

云南核桃栽后 1 年内是成活生长的关键阶段，需要加强管理，促进成活及快速生长。主要是通过以下几个方面进行管理。

一、灌水覆盖

定植后应立即灌足定根水，为了防止水跑墒和树盘板结，待水渗干后可进行覆盖，可用薄膜或秸秆等进行树盘覆盖，四周用细土压实。这样有利于增温保湿，促进根系愈合生长，提高成活率。

二、追　肥

雨季追肥 1 ~ 2 次，若追肥两次，应在雨季初期的 5 月底追肥一次，7 月中旬追肥一次。每穴施氮肥 50g，磷肥 40g，钾肥 20g。

三、除草和松土

除草与松土可同时进行，时间主要视杂草生长状况而定，云南核桃在 6 月和 9 月除草较佳，还可结合追肥和灌水一起进行。

四、病虫害防治

如遇积水应及时排出，以防根腐病的发生。如有病虫害发生，应采用综合防治方法及时防治，具体防治方法参见本书第九章。

五、防火护林

火灾对林木破坏很大，而且火灾后易发生病虫害，作为新造核桃园更要严加防火。核桃园内禁止放牧，如遇鼠类等危害要及时建立防护措施，以防损害。

六、除砧芽

嫁接口以下发出砧芽或砧木新枝，要及时抹除，以保证嫁接苗的正常生长。

七、防寒防冻

云南核桃定植的第一年冬季，应关注天气情况，如遇极端低温，要及时采取防护措施以防冻害发生造成大面积幼树死亡。

定植第二年后管理可参照本书第六章核桃园的土肥水管理及第七章核桃园的整形修剪。

第六章　核桃的土肥水管理

第一节　幼树土肥水管理

从嫁接苗定植第二年开始到结果初期为云南核桃的幼树阶段。这一时期的管理好坏，关系到今后树体的正常生长发育。此阶段施行良好的管理措施可为核桃树提早开花结果，获取果实的丰产、稳产、优质奠定基础。

一、土壤管理

（一）深耕改土

深翻改土一般在秋季果实采收后到树叶变黄前（9 月中旬至 10 月中旬）进行，园地深翻可与施基肥相结合。在云南核桃的幼树期每年秋末冬初、土壤湿度较大时，先将农家肥按每亩 3000 ~5000kg，普钙 200kg 的用量均匀撒入地内作基肥，然后翻犁园土，深度达 30cm 左右，并将土块耙细。

（二）中耕除草

在雨后、浇水后和干旱季节进行中耕除草，可以解除地表板结，切断毛细管，减少水分蒸发，增加土壤通气，促进肥料分解，减少病虫害。中耕深度以 15 ~25cm 为宜。中耕除草全年一般 3 ~5 次。进行果粮间作的核桃园可结合农作物的管理一起进行中耕除草。除草方式可人工或机械除草，也可用除草剂，常用的除草剂有：扑草净、农民乐、草甘膦等。应用草甘膦在核桃园中除草，每亩用量0.25kg，加水50kg在杂草大量发生的初期喷洒，对于禾本科杂草、蒿类、马唐草、蓟菜等灭草效果较好。

（三）合理间作

对于幼年核桃园，提倡间种矮秆作物，以耕代抚，既可获得当年收益，又可熟化土壤，有利树体的生长。在间种中应注意两个问题：一是不能间种玉米、高粱、向日葵等高秆作物，以及瓜类等攀缘植物，以免影响核桃树的光照；二是间作要为核桃树生长提供足够空间，在不影响核桃树生长的前提下进行，一般应掌握在树冠外围间作的原则。未间作的核桃园在春季萌芽期、6月中旬、7月上中旬、采果后，结合追肥中耕锄草一次。

二、科学施肥

核桃幼树阶段生长比较旺盛，尤其是早实核桃结果早，分枝力强，二次生长等需要更多的养分，只有通过施肥不断补充土壤中的养分，才能满足其生长发育的需要。晚实核桃通过施肥调节生长与结实的关系，促进花芽分化，可使幼树提早结果。此时期以施氮肥为主，磷钾肥为辅。

（一）施肥方法

施肥方法有放射状施、环状施、穴状施、条状施等方法，各地要因地制宜，选用效果好的方法。

1. 放射状施肥

以树冠为中心，在树冠投影范围内，射线状地开挖4~8条施肥沟，沟宽20~40cm，深30cm左右（基肥稍深，追肥较浅），沟长与树冠半径相近，沟深由冠内向冠外逐渐加深。施肥沟挖好后，将肥料与土壤充分拌匀填入沟内，然后覆土。每年施肥沟的位置要变更，并且随着树冠的不断扩大而逐渐外移。该方法主要用于长势强、树龄较大的树。

图 6-1　放射状施肥

2. 环状施肥

以树干为中心，沿着树冠外缘，挖一环状的深 30cm，宽 20 ~40cm 的沟，将肥料与土壤，拌匀填入沟内，然后覆土。基肥埋深些，追肥埋浅些。施肥沟可挖半环，也可挖全环，挖半环的需轮流开挖，一年一个方位。该种方法较适于 4 年生以下幼树。

图 6-2　环状施肥

3. **穴状施肥**

在树冠投影范围内，开挖若干（数量和大小根据树冠大小而定）小穴，将肥料埋入。该种方法一般用于追肥。

图6-3　穴状施肥

4. **条状施肥**

在核桃树行间或株间，切树冠边缘相对的两侧，分别挖平行的施肥沟，沟的宽和深与其他方法相同，长度根据树冠大小定。挖沟的位置一年一换。

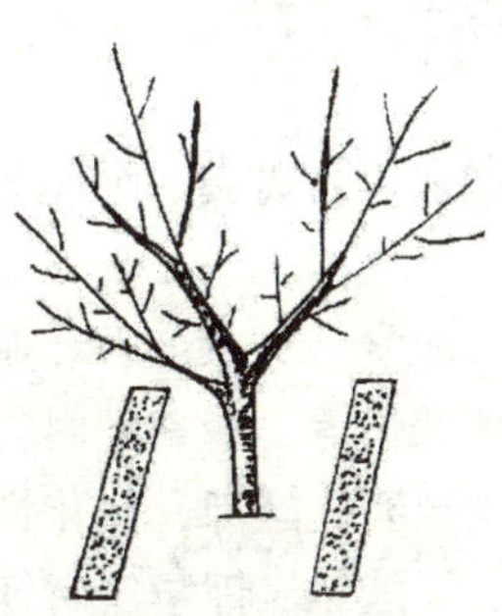

图6-4　条状施肥

5. **叶面喷肥**

这是一种与土壤施肥相结合的辅助性施肥方法。喷施液肥后，养分从叶片底面的气孔进入树体，为果树吸收利用，肥料利用率高，吸收也快。当树体出现缺素症时，或者补充某些容易被土壤固定的元素，采用叶面喷肥的办法可以收到良好的效果。

通常用作叶面施肥的肥料种类和浓度：尿素0.3%～0.5%，过磷酸钙0.5%～1%，硫酸钾0.2%～0.3%（或草木灰浸出液1%），磷酸二氢钾0.3%～0.5%，硼酸0.1%～0.2%，钼酸铵0.5%～1%，硫酸铜0.3%～0.5%。喷肥时间可根据需要分别在开花期，新梢快速生长期，花芽分化期及采果后进行，宜在晴天的上午10时前和下午3时后喷施，阴雨或大风天气不宜喷施。

在施肥时，应注意草木灰不能和腐熟人粪尿混合施用，因为草木灰的主要成分是碳酸钾，其水溶液呈碱性，而腐熟的人粪尿中的氮素以碳酸铵形式存在，当它遇碱时，就会挥发出氨，由此造成氮素损失而降低肥效。

（二）肥料种类

云南省的肥料资源十分丰富。

1. **有机肥料**

主要有厩肥、人粪尿、畜禽粪、绿肥等。

2. **化学肥料**

氮素肥料，主要有尿素（尿素实际上属有机肥料）、碳酸氢铵、硝酸、氯化铵、硫酸铵等；磷素肥料，主要有过磷酸钙、磷矿粉等；钾素肥料，主要有硫酸钾、氯化钾、草木灰等；复合肥料，主要有磷酸二铵、磷酸二氢钾、氮磷钾复合肥等。

（三）施肥量

施肥量按每平方米树冠垂直投影面积（简称冠影面积）确

定。早实核桃 2 ~3 年生每平方米冠影面积年施无机肥量 50g，4 ~6 年生 75g。从 3 年生开始施厩肥，施用量为每平方米冠影面积 5kg。晚实核桃 2 ~4 年生每平方米冠影面积年施无机肥量 40g，5 ~10 年生为 60g，11 年以后为 75g。厩肥从第 5 年开始施，施用量为每平方米冠影 5kg，以后每隔 1 年施 1 次。

（四）施肥时期

厩肥和堆肥在秋季落叶后和春季发芽前施入，绿肥 6 ~7 月直接埋入土中。追肥多以速效性肥料为主，每年在生长期间追肥 2 ~3 次。第 1 次追肥早实核桃在开花前进行，施肥量占全年施肥量的 40%；晚实核桃在展叶初期进行，施肥量占全年施肥量的 60%，结果后减为 40%。第 2 次追肥早实核桃在果实发育期的 6 月上中旬进行；晚实核桃在 6 月下旬进行，结果后可提早到 6 月上中旬进行。追肥以氮磷钾复合肥为好。第 3 次追肥主要在果实采收后，以增加树体营养积累，有利于第 2 年的开花结果，施肥量占全年施肥量的 20%。

三、灌溉与排水

在一般情况下，年降水量 600 ~800mm，且分布均匀，基本可以满足核桃树生长发育的需要。如果降水量不足或者分布不均，则需要灌水。在核桃树生长发育过程中，以下各时期不能缺水。

（1）早春，在 2 ~3 月份，核桃进入萌动期，开始发芽抽枝。这时春旱缺水，影响核桃树的生长发育。这个时期结合施肥进行灌水，可促进开花坐果。

（2）3 ~4 月份，雌花受精后，果实迅速生长；雌花芽开始分化和形成。这一时期需要大量的水分和养分。干旱时应进行灌水。

（3）5~7月份，这一时期，核仁开始发育，花芽分化也进入高潮，需要足够的水分供应。此时已进入雨季，一般不需灌水。如长期高温干旱，则需灌水。

（4）10月末至11月初，结合秋施基肥进行一次灌水，不仅有利于土壤保墒，而且会提高幼树新枝的抗寒性。

核桃树在生长期间，地表长期积水或地下水位过高，都会影响核桃树的生长发育，造成根系窒息死亡。因此要及时降低地下水位或排除地表积水，为核桃树的生长提供良好的环境。

第二节　成年树土肥水管理

一、土壤管理

核桃成年树已进入结果期，树冠骨架正逐步形成，结果量也渐渐进入高峰期，但大小年变化也逐渐变得明显。园地土壤管理是保证丰产稳产的重要环节。土壤管理要做好以下几点：

（一）合理间作

1. 水平间作

主要是指与多年生的作物、林木和果树间作。核桃实行间作，在农作物翻耕、松土、除草、施肥和灌水的同时，对核桃树也起到抚育作用，核桃树生长健壮，病虫害减少，产量高。这种间作方式能充分利用土地和空间，能在有限的面积上创造更大的效益。

2. 立体间作

主要是指利用核桃树下的空间和空地间作较矮小的作物和灌木类树种。云南广大山区最常用的方法是间作粮食作物。近些年随着产业结构的调整，出现了核桃与烤烟、核桃与蔬菜、核桃与茶叶等间作方式，大大丰富了间作的内容。

（二）耕翻土壤

1. 深　翻

深翻有利于改良条件较差的土壤，为核桃发育创造良好条件，每年或隔年沿着大量须根分布区的边缘向外扩宽40～50cm，深度为60cm左右，挖成半圆形或圆形的沟，翻盖时将上层土放在底层，底层土放在上面，在深秋初冬季节耕翻可施入基肥，在夏季耕翻可压入绿肥，注意要分层将其埋入沟内。

2. 浅　翻

在土壤条件较好的地方或深翻有困难的地方采用浅翻。每年春季进行1～2次为宜，深度20～30cm，以树干为中心，2～3m为半径，有条件的地方可对全园进行浅翻。

（三）树下覆盖

树冠下用稻草、玉米秆、秸秆或其他枯落物覆盖，厚度5cm左右，以不露出地面为宜。树下覆盖的好处有三个方面：

（1）可抑制杂草生长。

（2）减少地表水分蒸发，保持土壤湿度。

（3）覆盖物腐烂后，能增加土壤的有机质，改善土壤结构，提高土壤肥力。

二、科学施肥

成年核桃树需要的营养量较大，对氮、磷、钾的需要更多，施肥应坚持无机和有机结合，基肥和追肥结合的原则。

（一）施足基肥

成年树不同于幼树，每年开花结实，消耗大量营养物质，为了维持健壮的树势，为第二年生长和结实奠定良好基础，就需要施足基肥。按照25～30年生的每株需氮1.5～1.8kg计算，如果用厩肥，其用量不低于200kg；用速效化肥（如尿素）作为补肥，可在9月份追施，其用量不低于每株2.5kg。从实际应用效果看，用厩肥作基肥效果最好。由于基肥是迟效性的有机肥，在大树结果量逐年增多的情况下，或土壤中所含有效磷、钾成分比较少的地方，应结合施基肥、增施速效性磷钾肥料，其氮、磷、钾的配合比例，按有效成分计算以3∶1∶1。

基肥的施用时间，春秋皆可，但以早施为好。结合施基肥，追施一些速效氮素，效果更佳。

（二）增施追肥

核桃树进入结果盛期后，追肥也要随树龄和产量而增加。春季萌动以后，核桃主要器官迅速生长，在春季萌动前，追施氮、磷肥，施肥量占全年的50%。

5、6月份以后，果实迅速发育，花芽开始分化。果实发育的大小和花芽分化的质量和数量，在很大程度上取决于养分的消耗和积累是否平衡。这一时期的追肥量占全年的30%。

进入7月以后，果实已经硬核，核仁开始发育，此期追肥以速效磷为主，并辅以少量的氮钾肥。追肥量占全年的20%。

追肥方法多采用放射状、轮状或半圆形，以及条状追肥。追肥数量以每年每株1.5～2.0kg为宜。

三、灌溉排水

（一）灌　溉

云南省不少核桃产区的核桃园，在无灌溉条件下，一般都能正常开花结实。这说明成年核桃树具有一定的抗旱能力。但水分不足不仅会严重影响树体的生长发育，还会影响花芽分化与产量，甚至还会造成大量落果。研究表明，当田间土壤最大持水量低于60%时，需要及时灌水。灌水方法、次数和时期应根据核桃对水分的需要及当地的水源条件、气候条件加以确定。

根据云南省的气候特点，成年核桃园灌溉时期有三个：一是2～3月份，此期核桃进入萌动期，并开始发芽、抽枝、展叶、开花，对水的需求量较大，但多数地方此时正值春旱。因此，应将这时期作为重点，结合施肥进行灌水。二是4～7月份，此期核桃的新梢正迅速生长，雌花受精后，果实迅速发育膨大，雌花开始分化和形成，对水的需求量仍较大。如果雨季来得迟出现干旱，需要及时灌水。三是果实采收后10月下旬到落叶前，可结合秋施基肥灌足灌透，既有利于基肥腐烂分解，又利于受伤根系的恢复和增加树体贮藏营养，为来年萌芽、开花和结果奠定营养基础。灌水按方便、实用、节水的原则进行。目前，在有水源的地方，一般用管道引水浇灌或采用节水喷灌；在没有水源的地方，则用人、畜运水浇灌。

（二）排　水

核桃园排水是解决土壤中水分和空气的矛盾，防涝保树的主要措施。土壤水分过多，氧气不足，抑制根系呼吸，降低吸收机能，严重缺氧时，导致根系无氧呼吸，容易积累酒精，使蛋白质凝固，引起根系死亡。由于土壤通气不良，抑制好气性细菌活动，易产生对根系有毒害作用的还原性物质，如硫化氢、甲烷等。根系受毒，从而导致地上部分缺水、叶片变黄、干枯脱落、出现根腐，直至整株死亡。因此排水不良地区的核桃园，特别是土壤黏重透水性差的园地，要注意排水。

排水方法多种多样，无论使用何种方法，目的是排除多余积水。常用的排水方法有：

（1）山地核桃园可在梯地内侧挖排水沟，既可排水，又可作蓄水、灌水用；

（2）平地核桃园可挖固定排水沟顺沟排出园外；

（3）暗沟排水是较先进的排水方法：在核桃园内设暗沟管道排水不影响耕作，排水效果好，养护负担轻。主要缺点是设置排水工程投资高，管道易受泥沙堵塞，每年需清理；

（4）临时排水沟：根据降雨强度，对局部积水的核桃树，应及时挖临时排水沟排除积水。

第七章　整形修剪

核桃是阳性树种，整形修剪是树体管理中的一项重要技术措施。合理地进行整形修剪，可以调整树体结构，使骨架牢固，枝条疏密得当，改善通风透光条件，促进早结果、早丰产，提高品质。

第一节　整形方法

整形就是在树冠形成过程中，通过人们的干预，有目的地培养具有一定结构和有利于生长和结果的良好树形。

核桃树为高大乔木，生长旺盛，生产上应依据核桃的生物学特性，适时进行定干、整形。从生产上观察，核桃较多的是多主枝开心形，以 2～3 大主枝开心形最理想，光照足又通风，其次才是疏散分层形。不同品种特性，采用不同的树形。

一、开心形

开心形是核桃自然与生产结合的丰产树形。由于核桃树冠庞大，外沿结果的现象明显，另外，核桃又是喜光阳性树种，受光面大才能促进丰产。在过去未进行定干整形的自然树形中，自然开心形的树形占 80% 以上，因此，应多采用自然开心形，少用或不用疏散分层形。

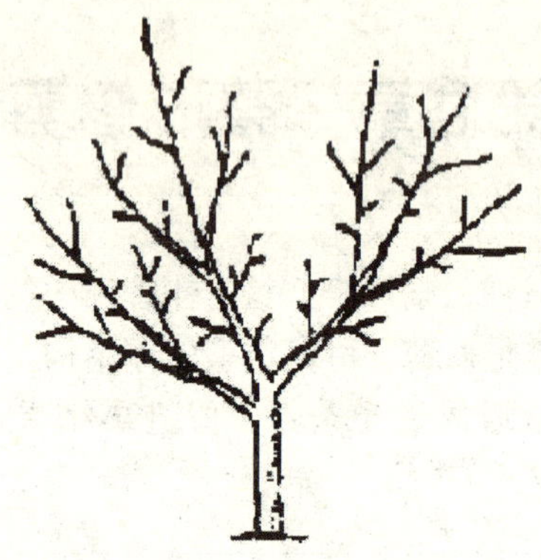

图 7-1　自然开心形

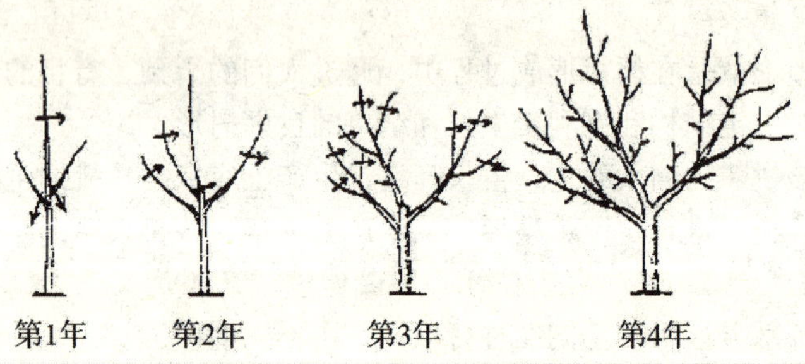

图 7-2　自然开心形的标准模式

(一) 定　干

定干是一株核桃树重要基础。核桃良种苗定植 1～2 年后，达到定干高度才能定干。晚实品种立地条件好，土层深厚，土质肥沃且需进行间作的，定干宜高，约 1.5～2m；早实品种土层浅薄，肥力低的山坡地，定干可低，约 1.2～1.5m。按此高度，在每年秋末、冬初摘心或截去顶芽后，对剪口进行涂抹伤口保护剂或用薄膜进行包裹。

（二）整　形

次年在萌发的侧枝中，选不同方向的 2 ~4 个侧枝，3 个侧枝最理想，形成 3 大主枝开心形的树冠。

选取的各主枝基部垂直距离一般为 20 ~40cm，长势基本一致。各主枝开张角度为40° ~60°，每个主枝上选留 3 ~4 个侧枝，各侧枝间上下左右要错开，保证分布均匀。第 1 侧枝距主干基部距离 1m 左右。在较大的开心形树体中，还可在选定一级侧枝上选留二级侧枝，第 1 主枝一级侧枝上的二级侧枝数可为 1 ~2 个，其上再培养结果枝组。有了很好树形作基础，随着时间推移，就会形成2 ~4 大主枝开心形庞大的圆头形丰产树冠。

二、疏散分层形

在核桃定干整形中很少采用。因疏散分层形造成下层光照不足，通风条件差，不利于丰产。

（一）定　干

宜在定植后 1 ~2 年进行，高度为 1.5 ~2.0m，具体定干高度应该依品种、栽培模式、立地条件、管理方式及经营目的而异。

（二）主枝选留

在 2 ~3 年生树定干后，要及时选留主枝。第 1 层主枝一般为 3 个，它们是结果的主体，一定要选角度好，方向正，位置适当，生长健壮的枝条进行培养，有的树长势差，发枝少，可分 2 年培养。三主枝的水平夹角应是 100° ~120°，与中心领导枝排列开，防止主枝长粗后对中央干形成“卡脖”现象。在第1层主枝选留2~3年后，可选留第2层主枝，层间距为1.5~2m，数量2个。第3层主枝在定植后7年左右选留，与第2层的层间距离可适当小些，约1m左右。

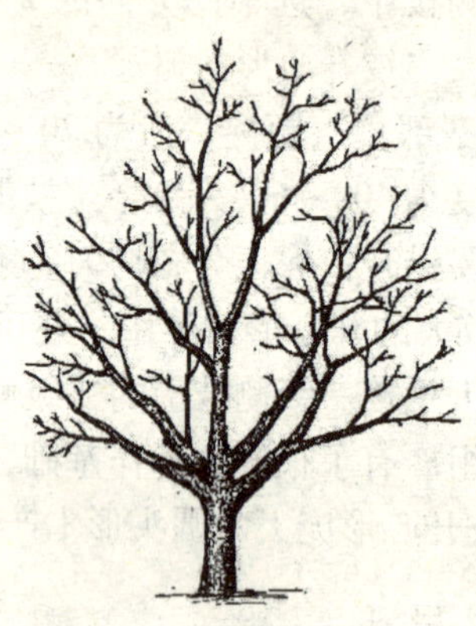

图7-3　疏散分层形

（三）侧枝选留

定植后4~6年，即在开始选留第2层主枝的同时，可在第1层主枝上选留侧枝。一般第1层主枝选留3~5个侧枝，第2层主枝上选留2~3个侧枝，第3层主枝上选留2个侧枝。选留侧枝时，侧枝与主干的距离应为50~80cm。侧枝与主枝的夹角以45°左右较理想，基部三主枝上选留的靠近中心的第1侧枝，要选主枝的同侧方向，避免出现“把门侧”，发生交叉遮光。同一主枝上各侧枝间的位置要适当，在第1侧枝的对侧选第2侧枝。两者间距应为1m左右，第3侧枝与第1侧枝同方位，与第2侧枝的间距可缩小。

（四）各骨干枝生长势的调整

主侧枝是树体的骨架，叫骨干枝，整形过程中确保骨架坚固，协调主从关系。定植 4 ~5 年后，树形结构已初步固定，但树冠的骨架还未形成，每年应剪截各级枝的延长枝，促使分枝。7 ~8 年后主侧枝已初步选出，整形工作大体完成。在此之前，要调节各级骨干枝的生长势，过强的应加大基角，或疏除过旺侧枝，特别是控制竞争枝。中心干较弱时可在中心干上多留辅养枝，生长势弱的可扶起角度，通过调整，使树体各级主侧枝长势均衡。

（五）整形修剪的标准尺寸

图 7–4 是疏散分层形整形的标准模式，整形修剪时可作为标准。

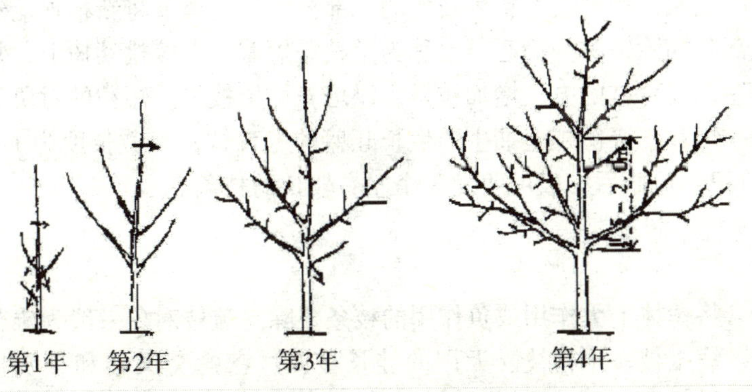

图 7–4　疏散分层形的标准模式

第二节 修剪的方法

核桃上的修剪是指广义的修剪，即既整枝又剪枝。不同龄期的树有不同的修剪任务。幼树的修剪，是在整形的基础上，继续培养和维持丰产树形；初果树的修剪，是继续培养好各级骨干枝，充分利用辅养枝早期结果，调节各级主侧枝的主从关系，平衡树势，积极培养结果枝组，增加结果部位；盛果期的修剪，是调节营养生长和生殖生长的关系，改善树体通风透光条件，维持结果枝组的健壮生长，延长盛果期；老树修剪，主要是更新改造、延续产果期。

一、短　截

短截是指剪去1年生枝条的一部分。生长季节将新梢顶端幼嫩部分摘除，称为摘心，也称为生长季短截。在核桃幼树上，常用短截发育枝的方法增加枝量，以培养结果枝组。短截的对象是从一级和二级侧枝上抽生的生长旺盛的发育枝，剪截长度为1/4~1/2，短截后一般可萌发3个左右较长的枝条。

二、疏　枝

将树体上无作用或负作用的枝条疏除。疏枝对象一般为雄花枝、病虫枝、干枯枝、无用的徒长枝、过密的交叉枝和重叠枝等。雄花枝过多，开花时要消耗大量营养，从而导致树体衰弱，修剪时应适当疏除，以节省营养，增强树势。核桃枝条髓心较大，组织疏松，容易枯枝焦稍。枯死枝本身无生产价值外，还可成为病虫滋生的场所，应及时剪除。当树冠内部枝条密度过大时，要本着去弱留强的原则，随时疏除过密的枝条，以利通风透光。疏枝时，应紧贴枝条基部剪除，切不可留橛，以利于剪口愈合。

三、缓 放

即不剪，又叫长放，其作用是缓和枝条生长势，增加中短枝数量，有利于营养物质的积累，促进幼旺树结果。除背上直立旺枝不宜缓放外（可拉平后缓放），其余枝条缓放效果均较好。较粗壮且水平伸展的枝条长放，前后均易萌发长势近似的小枝。弱枝不短截，下一年生长一段，很易形成花芽。

四、回 缩

对多年生枝剪截叫回缩或称缩剪，这是核桃树修剪中最常用的一种方法。回缩的作用因回缩的部位不同而异。一是复壮作用，二是抑制作用。生产中复壮作用的运用有两个方面，一是局部复壮，例如回缩更新结果枝组、多年生冗长下垂的缓放枝等。二是全数复壮，主要是衰老树回缩更新。生产中运用抑制作用主要控制旺壮辅养枝，抑制树势不平衡的强壮骨干枝等。

五、刻 伤

刻伤，又称放苦水。刻伤是针对 10 年生以上的核桃树，生长树势很旺，不开花结果，营养生长过旺，生长结果不良的幼树进行刻伤。伤时间在核桃采收后的秋末冬初。刻伤方法：从幼树根茎往树干上方 1m 左右的范围，用砍刀从下至上砍，深度刚达木质部，每砍一刀相隔距离 5 ~ 10cm，每砍一刀必须错位，逐步向上。采用刻伤，切断树干疏导组织，促成养分积累在树冠上部，以形成花果枝。

刻伤现象如图 7–5。

图 7-5 核桃树刻伤现象

第三节 核桃幼树整形修剪

对所栽植的幼树期的云南核桃树进行合理的定干、整形及修剪，可为培养良好的树形和牢固的树体骨架，有效地控制主、侧枝在树冠内部的分布，构成良好的通风透光条件，促进幼树早结果多结果，达到果产量与树势俱增，为来年丰产、稳产打下良好基础。整形修剪的主要内容有：

一、培养干形

要根据核桃品种的生长发育特点、立地条件、栽培方式和栽培目的，培养不同的干形。新栽的树达不到定干高度时，只保留顶芽，其他的芽全部抹除，待以后主干生长达到定干高度时再摘心定干。晚实核桃如顶芽完好，定干当年一般不发生分枝，所以一般在定植后的第 2 年开始定干。

二、培养树形

合理的树形要求树体结构均衡，充分占有空间，能最大限度地利用光能，有利于大量结果，并具有足够的果实承载能力。核桃树形应以开心形为主，适当采用疏散分层形。树形的基础是树体结构，树体结构是由主干、主枝、侧枝及各级枝条构成。

三、修 剪

修剪是在整形的基础上，继续培养树冠骨架和良好的冠形，有效地控制主枝和各级侧枝在树冠内部的合理配布，创造良好的通风透光条件，促进结果枝和结果枝组的形成，为丰产稳产奠定基础。幼树时期主要剪除病虫枝、枯枝、弱枝。修剪时，晚实品种的云南核桃对其发育枝以放为主，扩大树势；修剪时间在秋末冬初或结合采穗在1月份进行。

（一）修剪内容

早实核桃和晚实核桃幼树的生长发育特性不同，尤其是分枝能力差异较大，早实核桃分枝力强，晚实核桃分枝力弱，所以其修剪内容也有明显区别。

早实核桃主要是疏间过密枝、交叉枝、重叠枝，控制利用二次枝，短截改造徒长枝，剪除下垂枝、干枯枝、细弱枝、雄花枝和病虫枝等。晚实核桃主要是短截发育枝，使其扩大分枝，剪除背上弱枝、下垂枝、病虫枝等。

（二）修剪时期

云南核桃幼树的修剪时期以秋末冬初为宜。

第四节 核桃成年树修剪

一、核桃初果期的修剪

修剪中应去旺留壮，先放后缩，或放、缩结合培养枝组，间疏各种无用的密挤枝、细弱枝、徒长枝，使各类枝条分布均匀，尤其是内膛枝条要疏密适度，生长势中庸健壮。

对已影响主侧枝生长的辅养枝可以逐步回缩削弱长势，给主侧枝让位。修剪程度上，应根据树势的强弱和栽培条件来确定，树势强旺，枝条生长量大，修剪宜轻；反之宜重。在修剪技术上，首先疏去辅养枝上的大分枝，使其单轴延伸。这样可减少辅养枝对主侧枝的影响，一是改善了光照，二是节省了养分。通过修剪多培养结果枝组。辅养枝是此期修剪的主要对象，应因树而异区别对待，树体有空间的可长期保留让其尽量多结果；空间小的可及时回缩。所有辅养枝都必须控势，使之及时回缩乃至疏除。对树冠内的徒长枝一般应予以疏除，有空隙的则应酌情保留，培养成内膛结果枝组。

二、核桃盛果期树修剪

盛果期核桃树修剪的主要任务是调节生长与结果的关系，更新结果枝组，缩短大小年限，改善树冠内的通风透光条件，延长盛果期限，维持树体健壮，达到稳产高产。

（1）盛果期的核桃树，骨干枝和外围枝容易出现过长及下垂现象，应及时回缩骨干枝和下垂枝，疏除过密过弱的内膛外围枝，对有利用空间的外围枝，可适当短截。

（2）在盛果期，培养结果枝组的原则是大、中、小配置适当，在各级主、侧枝上分布均匀，在树冠内膛分布里大外小，下多上少，形成内部不空，外部不密的合理树形。

通常培养结果枝组的方法有：对生长在骨干枝上的大、中型辅养枝，回缩改造成大、中型结果枝组；对树冠内的健康发育枝，采用去主留平斜、先放后缩的方法，培养成中、小型结果枝组；对部分留用的徒长枝，应首先开张角度，控制旺长，配合夏季摘心、秋季修剪于盲节外短截，促生分枝，形成结果枝组。而更新结果枝组，应采用缩剪和疏剪的方法，对2～3年生的小型结果枝组，根据树冠内可利用空间，去弱留强的原则，疏除弱小及结果不良的枝条；对于中型结果枝组，应及时回缩更新，使其内部交替结果；对大型结果枝组，注意控制好高度长度。

（3）对辅养枝修剪应采用留、疏、改相结合的办法，当其与骨干枝不发生矛盾时可保留不动，若影响主枝生长时，要及时去除或回缩；对长势中等，分枝良好，又有可利用空间的，可剪去枝头，将其改造成结果枝组。如内膛有空间，或其附近结果枝已衰弱，则可把徒长枝培养成结果枝。通过修剪，最终实现树体的大枝大、小枝小，小枝多、大枝少的立体结果的丰产、稳产的核桃树形。

三、核桃衰老树的修剪

云南核桃树的寿命虽然很长，但由于立地条件和管理水平的不同，其生长势、果实产量及寿命有所不同。生长地条件好和管理水平高的云南核桃树寿命可达几百年或上千年。百年以上的云南核桃树如生长在云南宾川县拉乌乡的一株三台核桃树，树龄120多年，树冠占地1.25亩，结实累累，其果产量达50000个左右（500kg左右）。香格里拉县伍境乡金沙江边有一株泡核桃树，树龄已有150多年，树高50m，树冠占地面积1.5亩，年产果70000个左右（600kg），还有生长在楚雄市大姚县三台乡的一株500余年的三台核桃树，占地2亩，年产量在70000个左右（700kg左右），真是几百年“摇钱树”。

目前，云南各核桃种植地没有成片的老核桃园，但园中也有一些老的核桃树，树干空心、主侧枝枯萎、果实产量及质量较差。对这些老树进行复壮更新，恢复它的生命力，提高其产量和质量很有必要。其更新的办法是：

（一）主干更新

将主干长势很弱的腐朽主枝全部锯掉，使其重新发出枝条，选留新主枝，由其萌发出新的侧枝，以逐渐恢复树势，促进开花结果。

（二）侧枝更新

将一些生长势很弱的侧枝和干枯枝锯掉，让其重新萌发侧枝；对主干进行回缩，也能长出新枝，形成新的树冠，复壮树势。更新后的核桃树，要加强施肥、灌水、松土除草、防治病虫害等综合管理工作。

目前，云南对核桃树体的管理粗放，任其生长发育、开花结果。幼树多呈棚状的多主枝树形，任其自然发展。中、老年树只是在核桃采收时、采完（打完）核桃后，采收人员对树上枯枝、病虫枝、桑寄生、槲寄生枝进行砍除、清理，特别是云南晚实核桃树体高大、不易修剪、长期以来管理粗放。早实核桃由于树体较矮化，有的地方有定干、整形、修剪的管理，但为数不多。

第八章　低产核桃园的改造

第一节　核桃低产的原因

云南存在着大面积核桃幼林（1～15 年生）结果晚，效益慢；大面积盛果期园（16～100 年以上生）单产低、质量参差不齐。据调查，截至 2012 年底，全省核桃平均亩产仅 30kg，其中盛产期平均亩产 53kg，初产期平均亩产达 14kg。根据国家标准 GB7907-87《核桃丰产与坚果品质》，我省属核桃种植 I 类地区，树龄≤15 年的核桃林丰产指标为 78kg/亩，16～20 年的丰产指标为 172kg/亩，21～30 年的丰产指标为 232kg/亩，31～40 年的丰产指标为 259kg/亩。与美国平均亩产 260kg 相距更远。可见云南省的核桃平均亩产离国家标准和国外的差距还很大。根据调查结果，初步估计云南现存有 400 万亩结果晚、单产低、质量参差不齐的核桃低产林，如果找出其低产的根本原因，然后加以改造，将能使云南省的核桃单产、品质及产值得到大幅度的提高，从而达到增加农民收入的目的。

一、管理粗放

（一）土壤管理粗放

目前核桃树多数仍处于放任生长状态，没有根据核桃生长发育特性和对生态条件的要求进行科学管理，只靠自然地力生长，树体营养亏缺长期得不到补充。有部分种植农户进行了管理，但也十分粗放，缺乏必要的土肥水管理措施，使树势衰弱，产量低而不稳，大小年现象严重。

（二）树体管理粗放

目前成龄的核桃树形大都是自然圆头形，树体高大，树形紊乱。虽然树冠较大，但外密内空，通风透光性差，有效结果体积小。在传统的树体管理中，很少采取任何有计划的修剪措施，任其自然更新，造成结果部位外移，结果表面化现象很常见，产量很难提高，这是核桃产量低、品质差的主要原因之一。

（三）花果管理技术缺乏

据调查，在目前核桃栽培中，基本上任何的花果管理技术措施都没有采用，而是任其自然结果。这样势必会引起结果的不稳定性，影响果实产量和品质，甚至还会导致树势过早衰弱，缩短经济结果寿命。因此，为进一步提高核桃产量，做到有计划的商品性生产，必须重视对花果的管理。

一般一株20年生的核桃盛果期大树，有2～4kg的雄花，而母树限于水肥及营养面积，只能生产约20kg的果实，而大量水肥养分却被雄花消耗，影响果实发育成熟。而所有雄花中只要5%左右的雄花就足以授粉。95%的雄花正常开放只能消耗树体养分，别无他用，对结果无益，需及时合理疏除雄花序。

二、品种混杂

云南省老产区的核桃大多数是20世纪60～80年代发展起来的，树龄20～40年，几乎是实生核桃。其后代分化严重，退化明显，个体间差异大，良莠不齐。1994年至2004年，云南省在商品林基地建设，新发展了300万亩核桃，虽然采用嫁接苗进行造林，但由于没有专门的核桃采穗圃，致使市场苗木品种很混乱，而各地为了快速完成任务大量从外地调运苗木进行栽植，这是造成目前核桃品种混杂、产量低、品质差的根本内在原因。这种现状极不利于核桃的商品性生产。

三、建园基础差

（一）种植园地选择不当，立地条件差

"八五"期间云南省委、省政府提出了我省发展以核桃为主的经济林，制订核桃商品基地建设计划，通过三期核桃商品基地建设，云南省的核桃得以规模的种植发展。由于当时一些地方片面追求种植，忽视了"适地适树"的原则，致使很大一部分树栽培在土层瘠薄山坡、地埂边等立地条件较差的地方。核桃树的生长受到抑制，不利树体健壮生长，小老树、弱树现象很普遍，树体结果能力低下。

（二）栽植水平低，重栽不重管

很多地方采取的措施都是政府无偿提供苗木给农户栽植，农户在栽植时缺乏技术指导或根本不按技术人员的要求进行栽植，栽植时挖小塘、不施基肥或很少施基肥、栽后不浇水等现象普遍存在，既造成成活率低，又造成后期植株生长弱。

第二节　低产园改造的措施与方法

一、高接换种

对于实生劣质低产林或品种不好原因造成低产的核桃园进行

品种改良。必须适地适良种。选用目前云南省的主栽品种漾濞泡核桃、三台核桃等传统品种以及近年选育出的良种核桃。在2月上中旬至3月上旬进行改接。

（一）砧木选择

砧木选用立地土层深厚、生长健壮、无病虫害的30年以下的核桃树。在嫁接前进行扩穴、松土除草及病虫害防治等抚育管理。

（二）伤流控制

伤流是影响核桃嫁接成活率的关键因素之一。为防止伤流，不让树液从接口溢出，隔离砧木与接穗，影响接穗的成活，需在高接的主枝和主干下端离地面30～40cm处锯2～3个锯口，锯口深度为主枝或主干直径的1/5～1/4，如有的年份伤流过大，可适当加深。锯口要上下错开，以使伤流外溢又不影响树体生长。伤流的多少会受气温、降水等多方面的影响。高接时应根据情况在主干上锯好放水口。

（三）嫁接时间、方法

从1月下旬至3月中旬均可嫁接。嫁接时间不宜太早，也不宜太晚。嫁接太早，砧木树没有或很少萌动，嫁接接穗后难于愈合；嫁接太晚，经贮藏的接穗已开始萌发，加之气温升高，影响成活率。各地应根据具体的气候条件进行嫁接。嫁接时可采取留1～3枝抽水枝，有利于提高嫁接成活率。嫁接方法采用插皮接、劈接和切接等，嫁接时要求嫁接刀要快，接穗削面平滑，砧木和接穗的形成层对准靠紧。嫁接后用蓄热保湿方法用保湿袋装上湿锯木包住已用塑料带包扎好的接口，这样处理后，成活率可达98%（见图8-1）。

嫁接后及时疏除砧木萌蘖，嫁接成活后，5～6 月进行松绑，当接芽新梢长达 30～40cm 时，并及时在接口处绑扎支柱引绑新梢，以防风折断。

图 8-1-1 高枝嫁接

图 8-1-2　高枝嫁接后萌发新梢

图 8-1-3　高枝嫁接接口愈合情况

图 8-1-4　蓄热保湿嫁接

二、加强管理

对于土壤条件较差、水土流失严重的山地核桃园，应通过修筑梯田、挖鱼鳞坑等工程，结合种植绿肥作物，改良土壤，控制水土流失，达到蓄水保土。在此基础上，每年进行土壤深翻、拓宽树盘活土层，改善根系生长条件，土壤深翻时，结合施入有机肥或压绿肥。对于树龄较大、立地条件较好、放任多年的核桃树，如果栽植过密，导致郁闭，应通过适当间伐或修剪，调整树体结构，改善光照条件，培养合理的结果枝组，达到立体结果。同时加强土肥水管理，增厚活土层，及时控制病虫害，达到高产优质。

（一）加强土壤管理

1. 修梯田和鱼鳞坑

在坡度较小的地带修水平梯田，梯田的田面和田埂经常整修，田内有排水沟，以防雨水冲破田埂，为保证田埂和梯壁不被冲毁，用石头或草皮垒砌。在坡度较陡，不适修筑梯田的山坡上，可按等高线，以定植核桃树为中心，以冠幅为直径，修成外高内低的半月形土坑，拦蓄水土，随着树冠的扩大，应逐年向外扩大鱼鳞坑。

2. 耕翻土壤

平坡、缓坡地可用机械耕翻，坡度较陡的地方用畜耕翻。耕翻每年进行 2 次，第 1 次在春季，第 2 次在秋季。耕翻时树冠以外宜深，树盘附近宜浅，以防止伤根。耕翻土壤可以达到消灭杂草，蓄水保墒，改善土壤理化性质，提高土壤肥力，消灭部分越冬病虫害的目的。

3. 树盘覆盖，改良土壤

用杂草、树叶或秸秆全面长期覆盖核桃树的树盘位置，每年秋季将覆盖物埋入树盘下土壤中，而后又换上新的覆盖物，是一项行之有效的，投入少，产出多，效益高的好措施。

对于过于黏重的死板土以及石块砂子过多，土壤太少的地方，要以树干为中心，沿树冠垂直投影外挖环形沟，填入质地疏松的土壤，并埋入杂草、秸秆、有机肥，然后逐年向外展开。

4. 施　肥

按树龄大小，每年施肥 2 次，10 年左右的树秋季采果后每株施有机肥 50kg 以上，山地夏季每株压青草 50kg 以上。其次在芽萌动后追肥 1 次，每株施磷肥 0.50kg，如过磷酸钙、磷酸二氢钾；氮肥每株施 1.50kg，如尿素、硝铵。还可以施人粪尿 50kg。

5. 间　作

核桃园必须实行间作，对核桃树实行间作，在对其他作物进行管理的同时，也对核桃树进行了适当的抚育，做到以耕代抚，以短养长，果粮双丰收。幼树因树体和根盘都小，可间作豆类、薯类、粮食、蔬菜、烤烟等矮秆作物；盛果树可间作豆类、薯类、浅根性中药材等作物。无论间作何种作物，均应距树干 1m 左右，便于施肥、除草，防止间作物和核桃树互争养分。另外，由于核桃根系能分泌一种有机化学物质——胡桃醌，对一些植物有抑制生长的作用。因此，核桃园忌间种对胡桃醌敏感的作物，如苹果、黑草莓、番茄、土豆、苜蓿等。

（二）加强树体管理

山地放任树树体高大，外围枝量多，内膛光照不足，结果部位外移，易出大小年现象。修剪时以调解生长与结果的关系为主，协调营养物质的分配，加强结果枝组的培养和更新，避免产生大小年，延长盛果年限。

1. 骨干枝和外围枝的修剪

及时回缩过弱的骨干枝，回缩部位在向斜上生长的前部。疏除过密的外围枝，对有可利用空间的外围枝，适当短截。

2. 结果枝组的培养与更新

对着生在骨干枝上的大、中型辅养枝，经回缩改造成大、中型结果枝组，对树冠内的健壮发育枝，采用去直留平斜，先放后缩的方法培养成中、小型结果枝组；对有空间的徒长枝，开张角度，控制旺长，配合夏季摘心和秋季于盲节处短截，促生分枝，形成结果枝组。

3. **背下枝的处理**

背下枝强旺极易造成枝头倒拉现象。如果背下枝长势中等，并已形成混合芽，则可保留结果；如果生长健壮，待结果后，可在适当分枝处回缩，培养成小型结果枝；对已产生倒拉现象的背下枝，如原枝头开张角度较小，即可将原枝头剪除，让背上枝取而代之，无用的背下枝要及时剪除。

要把重点放在骨干枝的调整，这样不仅近期增产效果显著，而且对长远生产也会产生良好的影响。具体方法是：砍除部分骨干枝，加大层间距离，短截内膛，有计划地培养结果枝组，回缩下垂枝，剪除平行枝和重叠、交叉枝，促使立体结果。

（三）加强花果管理

1. **修　剪**

结合冬季修剪，疏除衰弱的雄花枝，减少来年的雄花量和养分的消耗，使雌花得到更多的营养，促进雌花发育和坐果。

2. **疏　雄**

根据中国林科院分析，一株冠幅为7m^2的核桃树疏去90%雄花（约 2000 个），可节省干物质 1.06kg，这些物质中 N：4.3%，P_2O_5：1.0%；K_2O：3.2%；蛋白质氨基酸：11.1%；粗脂肪：4.3%；糖：31.4%；灰分：11.3%。一个雄花将消耗水26.595g（孙益知教授测定），那么上述一株树将消耗水分53.19kg，若疏去90%雄花，可节省水分47.87kg，若疏掉95%的雄花，可节省水分50.53kg。另外，据试验，疏除核桃的雄花，增产效果十分明显，云南省在漾濞县作过试验，疏雄后的核桃树比对照坐果率提高12%～17%。

由此可见，在灌水条件不具备，肥源又短缺的云南广大核桃种植山区，对核桃雄花进行化学疏雄或人工疏雄，对于节水、减少养分消耗及提高坐果率等方面具有极其重要的作用。去雄时期选在水分、养分消耗最低的萌芽期至伸长期为最佳。采摘下的雄花，可放在具有营养液的湿布或潮沙上，使其继续增大，以便利用。

3. 叶面施肥

在有条件的地方，可视其树势情况，于花期或果实膨大期，可喷施硼酸、磷酸二氢钾等复合肥料，可使叶色变深绿，光合作用增强，坐果率显著提高。

（四）加强病虫害防治

病虫害防治主要以预防为主、综合防治。首先通过加强栽培管理合理负载等增强树势，提高树体的抗病、抗虫能力。根据树体高大，栽植分散、缺少水源等具体情况，多采用深翻树盘，清除枯枝落叶和杂草，捉成虫，挖虫茧等农业生物防治措施，尽量少用农药以免大量杀死天敌。通过病虫害防治，可提高果实产量、质量。

第九章 云南核桃主要病虫害防治

云南省核桃分布范围很广，栽培历史悠久，再加上云南省自然条件复杂，各地生态环境差异很大，因此就形成了核桃病虫害的地域性和多样性。据不完全统计，危害云南核桃的病虫害有100多种，因各核桃产区生态条件不同，其病虫害种类和危害程度也有所不同。核桃在其生长发育和种子储存过程中，常遭受各种病虫的危害，造成树木生长不良，树势减弱，果实产量下降，甚至造成树木死亡。因此，要及时发现及时处理，加强病虫害的综合防治，保障核桃树的正常生长，保证核桃高产、稳产、优质、高效。

核桃病虫害的防治应该全面贯彻“预防为主，综合治理”的方针，改善核桃园生态环境条件和加强栽培管理，提高树种抗病虫害的能力。注意保护核桃园内的害虫天敌，充分发挥天敌的生物抑制作用。在施用药剂时，首选生物制剂，若必须使用化学药剂，应使用低毒化学药剂，轮换用药，改进施药技术，降低农药用量，严禁使用高毒、高残留农药和致癌、致畸变农药，以减少污染、残留，使核桃质量符合国家安全生产标准。

第一节 主要病害与防治

云南自然条件复杂，全省各地核桃树上的病害也是多种多样，有根部病害、枝干病害、果实病害、叶片病害。

一、核桃根腐病

核桃根腐病在云南省各地均有不同程度的发现，危害核桃幼苗、幼树，使叶片发黄脱落，严重时苗木死亡。

（一）病害症状

夏季多雨，土壤潮湿板结，苗圃地排水不良，或地下水位过高，苗圃地积水，苗木根部窒息时易发病。生长势较弱的苗木，若在中耕除草时划伤根茎，也易染病。核桃苗感病后，根部变黑腐烂，地上部叶片发黄，叶缘变黑，严重时苗木枯死。如遇高温高湿，苗木根茎基部、落叶表面及周围土壤就会出现白色绢丝状菌丝体，之后菌丝体上产生白色或褐色油菜籽状的颗粒物，即病原菌的小菌核。如图 9-1 为根腐病在根部的症状。

图 9-1　根腐病

（二）发病规律

病菌以菌核在土壤中，或以菌丝体在病根茎部越冬。当环境有利于病原菌生长时，菌核或菌丝体上长出新的营养菌丝，侵入苗木嫁接伤口或根茎处的伤口，使木质部及根茎部的皮层腐烂，后产生小菌核。菌丝体在土壤中蔓延，借助于雨水及流水传播。而小菌核则是借助于苗木移栽和灌溉水等传播。一般情况下，发病初期从5月下旬开始，发病盛期为6～8月，基本停止期为9～10月。在土壤黏重、酸性土或之前曾耕种过蔬菜、粮食、油菜等的土地上育苗易发病，土壤过于潮湿、排水不良的苗圃也易发病，这是由非侵染性因子引起的生理性根腐病。

（三）防治方法

（1）选择排水良好且地下水位低的圃地，同时还要避免连作，施腐熟后的基肥。

（2）种子消毒：播种前用福尔马林溶液（1份40%甲醛加80份水）或0.5%～1%硫酸铜溶液浸种。

（3）土壤处理：若土壤偏酸性，应调节酸度，可在翻耕前每亩撒100～200kg生石灰，以减少病害的发生。

（4）田间管理：中耕除草时，避免划伤苗木根茎；及时排出积水，多雨地区采用高床育苗。

（5）幼苗生长衰弱时，扒开根部周围的土壤以检查根部，若发现小菌核或者是菌丝，应该用刮刀将根茎部的病斑刮除，后用15%抗生素401液剂50倍液，或1%硫酸铜溶液给伤口消毒，再在根部处的土壤洒甲基托布津500～1000倍液，或65%敌克松180～500倍液。对于生理性根腐病的幼苗来说，排出积水，改善土壤通气条件可减弱病症。

（6）苗木出圃时，严格检查，淘汰病苗。对于不确定是否染病的苗木，将其根部置于70%甲基托布津可湿性粉剂500倍液中浸泡10min后栽植。另外，在栽植时应注意将嫁接口露出土面，以防止病菌从嫁接口侵入。

二、核桃黑斑病

核桃黑斑病又称核桃黑、黑腐病，是一种世界性病害。该病在我省各核桃产区均有不同程度的发生，在昆明、昭通、曲靖等地较先发现，主要危害核桃果实、叶片、嫩梢、芽和雌花序。果实受害后变黑、腐烂、早落，以致核桃仁干瘪、减重，含油率降低，甚至不能食用。

（一）病害症状

该病是由病原细菌所引起的。果实受害初期出现褐色油浸状微隆起的小斑点，后病斑逐渐扩大下陷，变黑，外缘有水渍状晕圈，严重时核壳、核仁均变黑腐烂，病果早落。老果受害时病斑只限于外果皮。病发时，病斑中央下陷，龟裂并变为灰白色，果实略现畸形。幼果发病时，内果皮尚未硬化，病菌向果内扩展可达核仁，导致全果变黑，早期脱落；果实长到中等大时，内果皮硬化，病菌仅侵染外果皮，发病仅局限在外果皮，但核仁生长也受影响，成熟后核仁呈不同程度干瘪状。危害较轻。

图 9-2　核桃黑斑病

受害叶片正面病斑最先沿叶脉出现褐色至黑色小斑点，后扩大成近圆形或多角形黑褐色病斑，背面病斑淡褐色，油状发亮。病斑外缘呈半透明黄色晕圈，多呈水渍状。后期病斑相连成片，中央呈灰色或穿孔状，严重时整个叶片发黑，变脆，残缺不全。叶柄、嫩梢上的病斑长圆形或不规则形，黑褐色，稍凹陷，若病斑扩展枝条一周，造成枯梢落叶。若花序感病，先产生黑色水渍状斑，不展开，后花轴变黑，并弯曲导致早落。其症状如图 9-2 所示。

（二）发病规律

细菌在病枝、病叶、芽鳞和残留病果等组织内越冬。翌年春季借雨水或昆虫等传播到叶片和果实上，从伤口、气孔、皮孔或柱头侵入引起初次侵染，发病后，又可进行多次再侵染。该病发病早晚及程度与雨水关系密切，在多雨年份和季节，发病早且严重。核桃在展叶期和开花期易感病，病菌借雨水和昆虫活动进行传播，从气孔或昆虫、日灼、冰雹等造成的伤口侵入，首先侵染幼嫩叶片和花粉，再由花粉和叶片传播到枝条及果实上。害虫危害多的植株或地区发病较重。病害程度，一般新疆核桃重于本地核桃，老树重于中、幼龄树，弱树重于健壮树，虫害多的植株重于虫害少的植株。

（三）防治方法

（1）选育抗病虫害的优良树种。

（2）加强树体的田间栽培管理，保持园内通风透光，砍去近地枝条，减轻潮湿和互相感病，增强核桃的抗病能力。

（3）采果后结合修剪，清除病残果、落叶、病虫枝等，并集中烧毁，以减少初次侵染源。

（4）及时防治核桃蚜虫、举肢蛾等害虫，以减少伤口和传播媒介。

（5）发芽前喷 3～5 度石硫合剂。生长期喷 1～3 次 1：0.5：200 的波尔多液，雌花开花前或开花后及幼果期各喷一次 50% 甲基托布津或退菌特可湿性粉剂 500～800 倍液，喷 0.4% 草酸铜效果也较好，且不易发生药害。或每半月喷一次 50μg/g 链霉素加 2% 的硫酸铜也可取得良好的效果。

三、核桃溃疡病

核桃溃疡病又称墨汁病、黑水病，是核桃树干上的一种常见真菌性病害，在核桃生产中危害较大，是一种重要病害。主要危害幼树主干、嫩枝和果实，造成提早落果，降低果实品质和产量。在我省各核桃产区普遍发生，严重影响果树的生长发育和经济发展。

（一）病害症状

初期病部呈黑褐色的圆形病斑，随着病情的发展，逐渐扩展，呈梭形或长条形病斑。在皮层上形成水泡状，破裂后流出淡黄色黏液，遇到空气变为铁锈色。后期病部干缩下陷，中央纵裂，病部产生分生孢子器，形成许多小黑点。受害果实，果面上形成褐色的近圆形病斑，发生较严重时会导致果实干缩、腐烂、早落，表面产生许多褐色到黑色粒状物称为病菌子实体。其症状如图 9-3 所示。

图 9-3　核桃溃疡病

（二）发病规律

核桃溃疡病病菌以菌丝的形式在病组织内越冬。在翌年春天气温和湿度适宜的情况下产生分生孢子，并随风雨传播。从枝干皮孔或伤口侵入。侵入后如果条件不适宜，就在树体内潜伏下来，一旦条件适合就会发病，形成新的溃疡病斑。该病的发生与温度、降水量和大风等因子有密切关系。该病是一种弱寄生菌，当树木长势较弱或受到冻害、日灼等伤害时易被感染。不同品种或类型对该病的抗性不同。果园土壤贫瘠、土质较重、管理粗放、树势较弱的果园发生较严重。

（三）防治方法

（1）因地制宜地选育抗病良种。

（2）加强果园管理，增施腐熟有机肥，合理灌溉，增强树势，提高树体抗病力。科学修剪，剪除病残枝及茂密枝，调节通风透光，注意果园排水，保持果园适当的温湿度。结合修剪，清理果园，减少病源。

（3）进行树干涂白（涂白剂配方为生石灰 5kg、食盐 2kg、油 0. 1kg、豆面 0. 1kg、水 20kg），防止日灼和冻伤，减少病源侵入途径。

（4）用刀刮除枝干病斑，深达木质部，或用小刀在病斑上纵横划道，然后涂 3 度石硫合剂，或 1% 硫酸铜溶液、10% 碱水或 1∶3∶15 波尔多液，均有一定的防治效果。

四、核桃炭疽病

在我省各地均有不同程度的发生，主要危害果实、叶、芽及嫩梢，是一种真菌性病害。一般果实受害率达 20% ～40%，严重年份可高达 95% 以上，引起果实早落，核仁干瘪，大大降低了产量和质量。

（一）病害症状

核桃炭疽病主要危害果实、叶片、芽和嫩梢。果实上病斑初期为褐色，后为黑褐色，圆形或近圆形，中央凹陷，病斑上有黑色小点，有时呈同心轮纹状排列。湿度大时，病斑小黑点处出现黏性粉红色孢子团，即病菌分生孢子盘和分生孢子。发病轻时，核壳或核仁的外皮部分变黑，降低出油率和核仁产量，或果实成熟时病斑局限在外果皮，对核桃影响不大。严重时，病果上常有多个病斑，病斑扩大连片致全果变黑、腐烂达内果皮，失去食用价值。叶片感病后病斑不规则，有的沿叶边缘 1cm 处枯黄，向上卷起，或在主侧脉之间呈长条形枯斑或圆形褐斑，严重时全叶枯黄脱落。芽、嫩梢、叶柄、果柄感病后，出现不规则或长形下陷的黑褐色病斑，常从顶端向下枯萎，造成芽梢枯干，叶果脱落。

炭疽病对果实及叶片的危害如图 9-4、图 9-5 所示。

图 9-4　核桃果实炭疽病

图 9-5　核桃叶片炭疽病

（二）发病规律

核桃炭疽病由真菌的胶孢炭疽菌所致。病菌以菌丝体或分生孢子在病枝、病叶、叶痕、病果及芽鳞中越冬，成为翌年初次侵染源。病菌分生孢子借风、雨、昆虫等传播，从伤口、虫伤孔、自然孔口等处侵入，潜育期 4 ~ 9 天，发病后产生的分生孢子团，又可进行多次再侵染。发病的早晚及轻重与高温高湿关系密切，雨水早而多，湿度大，发病就早且重。植株行距小、通风透光不良，发病重。发病严重程度与品种也有很大关系，早实薄壳核桃易发病，晚实核桃抗病。

（三）防治方法

（1）选择栽培品种时，要选择对该病抗性强的品种。

（2）合理控制密度，加强抚育管理，改善园内和冠内通风透光条件，有利于控制病害。

（3）及时清理果园，摘除病果，采收后结合修剪，清除病枝、病果、病叶，集中烧毁，减少初次侵染源。

（4）一般在发芽前喷3～5度石硫合剂1∶2∶200，6～7月份及时摘除病果，并喷洒2～3次1∶2∶200倍波尔多液。发病初期喷洒75%百菌清可湿性粉剂500倍液，或50%多菌灵可湿性粉剂，或50%托布津可湿性粉剂500倍液，70%代森孟锌可湿性粉剂500～600倍液，或50%炭疽福美可湿性粉剂600～700倍液。发病重的果园，可喷40%退菌特可湿性粉剂800倍液，并与1∶2∶200倍波尔多液交替使用。使用以上药剂时（除波尔多液外），加0.03%皮胶作黏着剂可显著提高药效。

五、核桃膏药病

核桃膏药病是我省临沧等湿热核桃产区的一种常见树干和枝条上的病害，轻者枝干生长不良，重者死亡。

（一）病害症状

核桃枝干上或枝杈处会产生一团平贴的椭圆形或圆形厚膜状菌体，紫褐色，边缘白色，后变为鼠灰色，形似膏药，即病原菌的担子果。其症状如图9-6所示。

（二）发病规律

病原菌与介壳虫共生，菌体以介壳虫的分泌物作为养料，介壳虫则借菌膜覆盖得以保护。病原菌的菌丝体在枝干表面生长发

图 9-6　核桃膏药病

育，逐渐扩大形成膏药状薄膜。菌丝也能侵入寄主皮层吸收营养。担孢子通过介壳虫的爬行进行传播蔓延，以菌膜在树干上越冬。土壤黏重、排水不良或林内阴湿、通风透光不良等都易发病。

（三）防治方法

1. 防治介壳虫

使用松脂合剂，冬季每 500g 原液加水 4 ~ 5L，春季加水 5 ~ 6L，夏季加水 6 ~ 12L 喷洒枝干，防治若虫。

2. 加强管理

结合修剪除去病枝，或刮除病菌的实体和菌膜，并喷洒 1∶1∶100 倍波尔多液，或 20% 石灰乳。

六、核桃腐烂病

核桃腐烂病又名黑水病，属于真菌性病害。在云南省多个核桃产区均有不同程度的发生。主要危害枝干和树皮，导致枝枯和结实能力下降，甚至全株死亡。

（一）病害症状

核桃腐烂病主要危害枝干树皮，因树龄和感病部位不同，其病害症状也不同，大树主干感病后，病斑初期隐藏在皮层内，俗称“湿囊皮”。有时多个病斑连片成大的斑块，周围聚集大量白色菌丝体，从皮层内溢出黑色粉液。发病后期，病斑可扩展到长达20～30cm。树皮纵裂，沿树皮裂缝流出黑水（故称黑水病），干后发亮，好似刷了一层黑漆。幼树主干和侧枝受害后，病斑初期近于梭形，呈暗灰色，水浸状，微肿起，用手指按压病部，流出带泡沫的液体，有酒糟气味。病斑上散生许多黑色小点，即病菌的分生孢子器。当空气湿度大时，从小黑点内涌出橘红色胶质丝状物，为病菌的分生孢子角。病斑沿树干纵横方向发展，后期病斑皮层纵向开裂，流出大量黑水，当病斑环绕树干1周时，导致幼树侧枝或全株枯死。枝条受害主要发生在营养枝或2～3年生的侧枝上，感病部位逐渐失去绿色，皮层与木质剥离迅速失水，使整枝干枯，病斑上散生黑色小点的分生孢子器。其症状如图9-7所示。

图9-7　核桃腐烂病

（二）发病规律

核桃腐烂病是真菌侵染所致，病菌以菌丝体或子座及分生孢子器在病部越冬。翌春核桃树液流动后，遇有适宜发病条件，产出分生孢子，分生孢子通过风雨或昆虫传播，从嫁接口、伤口等处侵入，病害发生后逐渐扩展蔓延危害。生长期可发生多次侵染。春秋两季为一年的发病高峰期，特别是在4月中旬至5月下旬危害最重。一般在核桃树管理粗放，土层瘠薄，排水不良，肥水不足，树势衰弱或遭受冻害及盐害的核桃树易感染此病。核桃腐烂病在同一株上的发病部位以枝干分叉处、剪锯口和其他伤口处较多，同一园中结果核桃园比不结果核桃园发病多，老龄树比幼龄树发病多，弱树比壮树发病多。核桃进入结果期后，如栽培管理不当，缺肥少水，挂果量太多，树势衰弱，腐烂病就易发生，严重的造成枝条枯死，结果能力下降，甚至引起整株死亡。

（三）防治方法

（1）加强核桃园的综合管理，对于土壤结构不良、土壤瘠薄、盐碱重的果园，应先改良土壤并增施有机肥料，以提高树体的营养水平，并进行合理的修剪，以增强树势，提高抗病力。

（2）采收核桃后，结合修剪，剪除病虫枝，刮除病皮，并集中烧毁，减少病菌侵染源。

（3）冬季刮净腐烂病疤，然后树干涂白，预防冻害、虫害引起腐烂发生。病疤要刮成菱形，刮口应光滑，平整。刮下的病屑应及时收集烧毁，避免人为传染。刮后用50%甲基托布津可湿性粉剂20～40倍液，或5～10度石硫合剂（也可用石硫合剂渣），或用40%的福美砷可湿性粉剂50倍液，或可涂抹腐必治或灭菌灵加过氧乙酸，稀释50倍。

（4）适当修剪，秋季落叶前树冠密闭的部分疏除大枝，生长期间疏除下垂枝、老弱枝，以恢复树势，并对剪锯口用1%的硫酸铜消毒，适期采收，尽量避免用棍棒击伤树皮。

七、核桃褐斑病

属于真菌病害，云南省各核桃产区均有不同程度的发生。该病危害叶片、嫩梢和果实，引起早期落叶和枯梢，影响树势和产量。

（一）病害症状

主要危害叶片、嫩梢和果实，可造成落叶枯梢。叶片感病后先在叶片上出现近圆形或不规则形病斑，病斑上略成同心轮纹排列的小黑点。中间灰褐色，边缘暗黄绿色至紫褐色，有时外围有黄色晕圈，中央灰褐色部分有时形成穿孔，严重时病斑互相连接融合一起，形成大片焦枯死亡区，周围常带黄色至金黄色。病叶容易早期脱落。有时叶柄上亦出现病斑。嫩梢发病，出现长椭圆形或不规则形稍凹陷黑褐色病斑，边缘淡褐色，病斑中间常有纵向裂纹。严重时病斑包围枝条使上部枯死。果实受害时表皮初现小而稍隆起的褐色软斑，后迅速扩大渐凹陷变黑，外围有水渍状晕纹，严重时果实变黑腐烂。老果受侵只达外果皮。嫩苗上呈椭圆形或不规则形病斑，一年多次侵染。

（二）发病规律

病原菌以分生孢子在病叶或病枝上越冬。翌年春季从伤口或皮孔侵入叶片、枝条或幼果。越冬后的病叶和枝梢，在适宜温湿度条件下仍能产生孢子，随风雨传播。晚春初夏多雨时发病重。多雨年份或雨后高温、高湿时，发病迅速，造成苗木大量枯梢。

核桃褐斑病如图 9-8 所示。

（三）防治方法

（1）加强核桃栽培的综合管理，增强树势，提高抗病力。

图 9–8　核桃褐斑病

特别要重视改良土壤，增施肥料，改善通风透光条件。

（2）及时清除病叶和结合剪除病梢，深埋或烧毁。

（3）开花前后和 6 月中旬各喷一次 1∶2∶200 的波尔多液或 50% 甲基托布津或退菌特可湿性粉剂 500～800 倍液。

八、核桃白粉病

属真菌性病害，在云南省各核桃产区均有发生。主要危害核桃树的叶片、幼芽和新梢，引起早期落叶甚至苗木死亡。在干旱年份或季节，发病率高。

（一）病害症状

最明显的症状是叶片正反两面均形成薄片状白粉层，秋季在白粉层中生出褐色至黑色小颗粒。发病初期叶片退绿或造成黄斑，严重时叶片扭曲皱缩，提早脱落，影响树体正常生长。幼芽萌发而不能展叶，在叶片的正面或反面出现圆片状白粉层，后期在白粉层中产生褐色或黑色粒点。幼苗受害后，植株矮小，顶端枯死，甚至全株死亡。

（二）发病规律

病菌在脱落的病叶上越冬。翌春遇雨放射出子囊孢子，侵染发病后病斑产生大量分生孢子，借气流传播，从气孔进行多次再侵染。温暖而干旱，氮肥多，钾肥少，枝条生长不充实时易发病。幼树比大树易受害。

核桃白粉病症状如图 9-9 所示。

图 9-9　核桃白粉病症状

（三）防治方法

（1）秋末清除病落叶、病枝，集中销毁，以减少初次侵染源。

（2）加强管理，合理灌水施肥，控制氮肥用量，增强树体抗性。

（3）发病初期喷 0.2 ~0.3 波美度石硫合剂，或 70% 甲基托布津可湿性粉剂 800 倍液。

九、核桃枝枯病

核桃枝枯病是由真菌侵染引起的，主要危害枝干。我省各核桃产区都有发生。主要危害核桃枝条和较大枝干，引起枝干干枯，影响树体发育和核桃产量品质。因而，要及时防治，控制病情，促进树体发育，提高产量和品质，增加效益。

（一）病害症状

主要危害枝条，尤其是1~2年生枝条易受害，造成枯枝和枯干，严重时造成大量枝条枯死，产量下降。枝条染病先侵入顶梢嫩枝，后向下蔓延至枝条和主干。枝条皮层初呈暗灰褐色，后变成浅红褐色或深灰色，并在病部形成很多黑色小粒点，即病原菌分生孢子盘。染病枝条上的叶片逐渐变黄后脱落，枝条枯死。湿度大时，从分生孢子盘上涌出大量黑色短柱状分生孢子，如遇湿度增高则形成长圆形黑色孢子团块，内含大量孢子。其症状如图9-10所示。

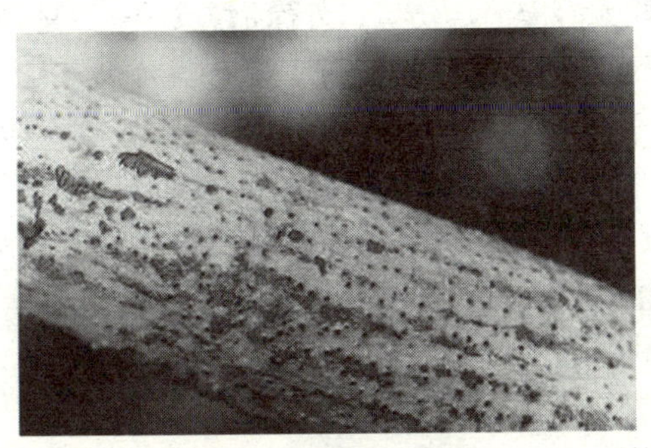

图9-10　核桃枯枝病

（二）发病规律

病原菌主要以分生孢子盘或菌丝体在枝条、病干部越冬。翌年条件合适时分生孢子借风雨传播，通过枝条上的各种伤口进行初次侵染，发病后又产生孢子进行再次侵染。病菌是一种弱寄生菌，生长衰弱的核桃树或枝条易染病，春旱或遭冻害年份发病重。核桃树栽植过密、通风透光不良，发病也重。

（三）防治方法

（1）清除病株、枯死枝条，集中烧毁，减少发病来源。

（2）改善通风透光条件，加强管理，增强树势，提高抗病力。

（3）加强防冻、防旱、防虫等工作，减少核桃树的各种伤口，冬季进行树干涂白。

（4）幼树防寒，春季防旱，防止抽条。

（5）刮除病斑，若发现主干上有病斑，可用刮刀刮除病部，并用1%硫酸铜溶液消毒伤口，外涂治愈膏等伤口保护剂。

（6）药剂防治。发芽前可喷3度石硫合剂，或40%福美砷可湿性粉剂100倍液。生长期内喷波尔多液1：2：200倍液；或50%退菌特可湿性粉剂1000倍液，半个月后酌情再喷一次。在6～8月选用70%甲基托布津可湿性粉剂800～1000倍液或400～500倍代森锰锌可湿性粉剂喷雾防治，每隔10天喷一次，连喷3～4次可收到明显的防治效果。同时要及时防治云斑天牛、核桃小吉丁虫等害虫，防止病菌由蛀孔侵入。

十、核桃缺素症

核桃在生长季节中，由于缺乏某种微量元素，或者土壤中某些元素处于不能被植物吸收的状态，同时施肥不能做补充时，植物就会表现出各种生长发育不正常的现象，即表现缺素症。核桃常见的缺素症有下列几种：

（一）缺铁症

1. 症　状

核桃的缺铁症又称黄叶病。先从嫩叶开始，叶色变白，但叶脉仍保持绿色，严重时沿叶缘变黄褐色枯死。原因是土壤中碳酸钙过多，氧气不足，生长前期水分过多，土壤温度过高或过低，根系不发达，减少了小根冠而不能很好地吸收铁元素。

2. 防治方法

增施农家肥，可使土壤中的铁元素变为可溶性铁，以利于核桃吸收铁，或用硫酸亚铁与农家肥混合施用，黄化的树木可用铁盐溶液进行树冠喷洒、树干注射及土壤浇灌。在生长期用0.1%硫酸亚铁喷洒，也可用含硫酸亚铁1.5%、硫酸镁0.5%、尿素5%的溶液作树干注射，还可用1∶30的硫酸亚铁浇灌。

（二）缺锌症

1. 症　状

缺锌症又称“小叶病”，表现为叶小且黄，卷曲；严重时叶子浅红色，畸形变小，生这种小叶的枝条逐渐枯死。受害的树木在早春表现正常，夏季则部分叶子开始出现缺锌症状。

2. 防治方法

在叶片成熟至四分之一时，喷洒0.3%~0.5%硫酸锌，每隔15~20天喷一次，喷2~3次。

（三）缺铜症

1. 症　状

主要表现是叶片出现褐色斑点，早黄早落，果实萎缩。小枝的表皮产生黑色斑点，严重时枝条死亡。发病原因是在碱性、石灰性土壤中，铜的有效性较低。

2. 防治方法

春季展叶后喷波尔多液，或喷洒 0.3% ~0.5% 硫酸铜液，或在树干约 70cm 处开 20cm 深沟施硫酸铜液。

（四）缺硼症

1. 症　状

主要表现为小枝梢枯死，小叶脉间出现棕色斑点，小叶易变形，幼果易脱落。原因是酸性土壤中施用石灰量过大，使硼呈不溶解状态，降低有效性。

2. 防治方法

冬季结冻前，环状开沟施入硼砂 0.2 ~0.35kg，施后灌水。或生长期喷洒 0.1% ~0.2% 硼砂溶液。

（五）缺锰症

1. 症　状

表现为叶片失绿，叶脉之间浅绿色，叶肉和叶缘发生焦枯斑点，易早落。

2. 防治方法

用 0.5kg 硫酸锰加水 25L，于叶片接近停止生长时喷施。

十一、其他病害

核桃常见的病害还有以下几种：核桃枯梢病、核桃日灼病、核桃干腐病、核桃丛枝病等。

第二节　主要虫害与防治

一、金龟子

金龟子属无脊椎动物，是鞘翅目金龟子科昆虫的总称，杂食性，在云南省各核桃产区均有不同程度的发生。危害核桃的金龟子有10余种，其中以棕色鳃金龟发生量最多，危害最重，有时能将核桃叶片吃光，幼虫生活于地下，危害根系，严重时造成植株死亡。

（一）生活习性及发生规律

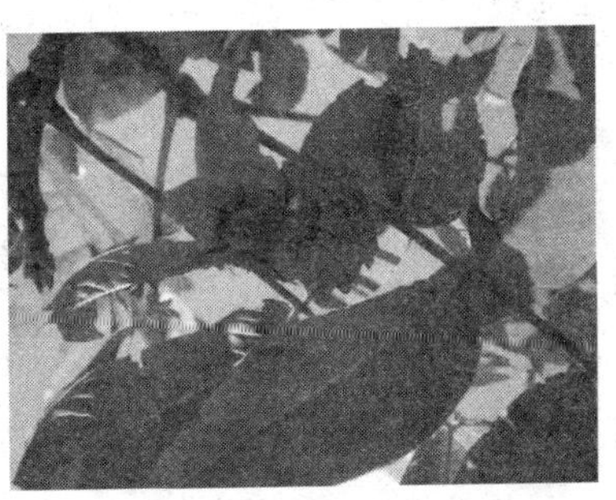

图9-11　金龟子类害虫

各种金龟子的生活习性一般大同小异。金龟子为一年一代，以幼虫在土壤中越冬。3月上旬幼虫向地表移动，取食植物嫩根或腐殖质。过一段时间便在土中化蛹，成虫于4月下旬至7月中旬出土为害，5月下旬至6月中旬为盛期。成虫多在夜间活动，于傍晚飞到树上取食叶片，天亮前后飞回土中，白天就在土中潜伏。具有假死性和趋光性。有的种类还有拟死现象，受惊后即落地装死。成虫一般雄大雌小，为害植物的叶、花、芽及果实等地上部分。夏季交配产卵，产卵多选择在树根旁的土壤中。幼虫生活于土中，一般称为“蛴螬”。啮食植物根、块茎或幼苗等地下部分，为主要的地下害虫。老熟幼虫在地下作茧化蛹。金龟子为完全变态。

图 9-11 为金龟子类害虫。

（二）防治方法

1. 人工防治

（1）灯光诱杀：利用成虫的趋光性，采用振频式杀虫灯或黑光灯诱杀。

（2）利用假死性，于傍晚敲树振虫，树下用塑料布接虫，集中消灭。

（3）种植蓖麻诱杀。

（4）茶枯水防治：将油茶枯饼烧成焦黄色并砸碎，然后用 4 ~5 倍滚烫的热开水倒入并搅拌成浓液，冷却后浇入已经松土的园内。

2. 药剂防治

（1）在成虫期，发生量大的年份喷 50% 辛硫磷乳油 800 ~ 1000 倍，或 40% 氧化乐果乳油 800 ~ 1000 倍液防治，效果明显。

（2）在幼虫期，用 3% 呋喃丹粉剂或用特丁硫磷进行土壤处理；用 50% 辛硫磷乳油 100g 拌种 50kg，将制成的 5% 毒砂随种撒入种沟内，以杀死土中的幼虫。

二、木蠹蛾

鳞翅目木蠹蛾科多种昆虫的总称，又名蠹木蛾，以幼虫蠹木，是危害阔叶树种主干或根部的主要害虫。核桃受木蠹蛾类危害比较普遍，有些地方受害株率达 40% 以上，主要是核桃木蠹蛾和拟木蠹蛾。

（一）生活习性及发生规律

木蠹蛾幼虫群集在核桃树干基部及根部蛀食皮层，使根颈部皮层开裂，排出深褐色的虫粪和木屑，并有褐色液体流出。使树势逐年衰弱，产量降低，甚至整株枯死。拟木蠹蛾幼虫蛀食枝干的皮层和木质部，破坏输导组织，使受害枝枯死，树势衰弱，树冠逐年缩小，造成严重减产，受害严重时可引起全株死亡。如图9-12为木蠹蛾类危害状。

图9-12　木蠹蛾危害状

木蠹蛾多为1年1代。木蠹蛾幼虫活动期为3～10月，成虫多在4～7月出现，最晚可至10月。木蠹蛾以幼虫在树干内越冬，老熟后入土化蛹。在树干内化蛹的茧均以幼虫所吐丝质与木屑等缀成，在土壤内化蛹者则与细土缀成，茧颇厚、韧。蛹在羽化前借助背面刺列可蠕动到排粪孔口或露出土面，以待羽化。成虫羽化多在傍晚或夜间，少数在上午10时前进行。成虫昼伏夜出，多数虫种有较强的趋光性。羽化后当夜即行交配，并可重复交配。成虫寿命1～12天不等。产卵多在夜间，每雌产卵数十粒至千粒以上，卵多产在树皮裂缝、伤口或腐烂的树洞边沿及天牛危害坑道口边沿。在野外的羽化率可高达97.4%。初幼虫喜群集，并在伤口处侵入为害，初期侵食皮下韧皮部，逐渐侵食边材，将皮下部成片食去，然后分散向心材部分钻蛀，进入干内，并在其中完成幼虫发育阶段。干内被蛀成无数互相连通的孔道。图9-13为木蠹蛾类幼虫。

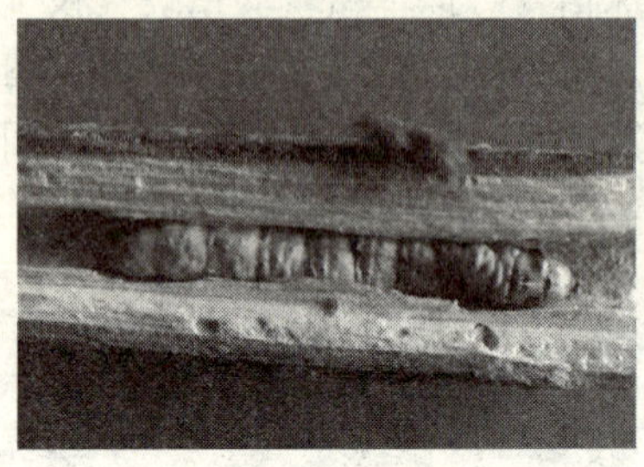

图 9-13　木蠹蛾类幼虫及成虫

（二）防治方法

1. 人工防治

（1）剪除虫枝：从初夏至秋季，及时剪除虫害枝条、风折枝条，消灭枝内幼虫。

（2）钩杀幼虫：用端部弯有小钩的钢丝从蛀道上部的排粪孔刺入蛀道，钩杀幼虫或蛹。

2. 生物防治

诱杀成虫：4 ~6 月成虫盛发期设置黑光灯或杀虫灯诱杀。

3. 药剂防治

（1）对蛀入髓部的幼虫，可用棉球蘸 40% 乐果乳油 50 倍，或 50% 敌敌畏乳剂 30 ~ 50 倍液（加入少量煤油最好），塞入排粪孔，或直接将药液注入虫道后，用黄泥密封排粪孔杀虫；或用磷化锌毒签插入虫孔熏杀幼虫。

（2）在成虫产卵期的 6 月中旬至 7 月下旬，用 2.5% 功夫菊酯 500 倍液涂刷根颈部及主干，杀灭初孵幼虫，防止新幼虫蛀入。

（3）用打孔注药法防治，即在树干基部（离地面 30 ~ 70cm 的树干上），用摇弓钻或树干注射仪斜向下打 45°角左右的小孔

(深5cm)，将“树虫净”药瓶刺破后插入孔内，用药量视树干粗细增减，胸径10cm以下用一支（每支为8.1m)，10～18cm用2支，20～24cm用3支，26cm以上用4支，以此类推。打孔时必须均匀对称，以免出现药害。

三、绿蝉蛾

又称小绿叶蝉，同翅目叶蝉科类害虫。在云南各核桃产区均有不同程度的发生，成虫、若虫吸食汁液，被害叶片初现黄白色斑点，逐渐扩成片，严重时全叶苍白早落。

(一) 生活习性及发生规律

绿蝉蛾以成虫在落叶、杂草或低矮绿色植物中越冬，翌春核桃发芽后出蛰，飞到树上刺吸汁液，取食后交尾产卵，卵多产在新梢或叶片主脉里面。因发生期不整齐而导致世代重叠。秋后以末代成虫越冬。成、若虫均喜欢在白天活动，在叶背刺吸汁液或栖息。成虫善跳，可借风力扩散，旬均温15～25℃适其生长发育，28℃以上及连阴雨天气虫口密度下降。图9-14为绿蝉蛾成虫与若虫。

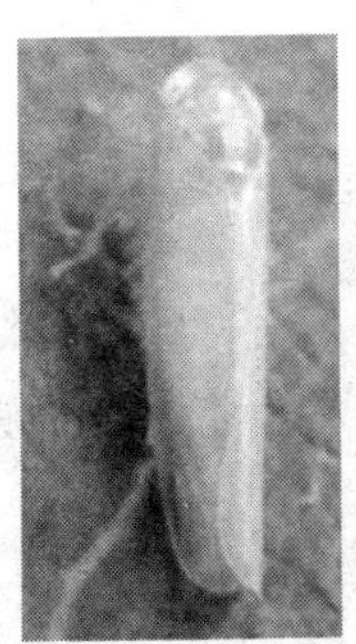
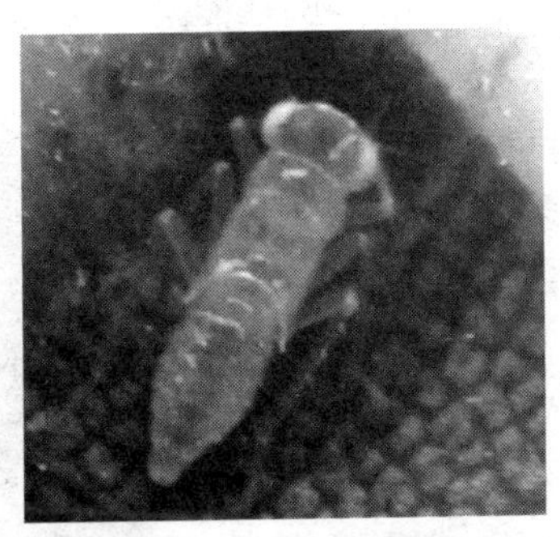

图9-14　绿蝉蛾成虫与若虫

（二）防治方法

1. 人工防治

（1）加强果园管理：秋季彻底清除落叶，铲除杂草，集中烧毁，消灭越冬成虫，减少虫口密度。

（2）冬季和夏季处理枝条上的虫卵。

（3）用黑光灯诱杀成虫。

2. 药剂防治

（1）若虫期喷洒25%扑虱灵可湿性粉剂1000倍液或48%乐斯本乳油3500倍液。

（2）掌握在越冬代成虫迁入后，各代若虫孵化盛期及时喷洒20%叶蝉散（灭扑威）乳油800倍液或25%速灭威可湿性粉剂600～800倍液、20%害扑威乳油400倍液、50%马拉硫磷乳油1500～2000倍液、20%菊马乳油2000倍液、2.5%敌杀死或功夫乳油、50%抗蚜威超微可湿性粉剂3000～4000倍液、10%吡虫啉可湿性粉剂2500倍液、20%扑虱灵乳油1000倍液、40%杀扑磷乳油1500倍液、2.5%保得乳油2000倍液、35%赛丹乳油2000～3000倍液，均能收到较好效果。

四、天　牛

鞘翅目天牛科害虫。天牛种类众多，主要有云斑天牛、桑天牛等，是核桃的毁灭性害虫。在云南省各核桃产区均有不同程度的发生。其成虫危害新枝皮和嫩叶，幼虫蛀食枝干。核桃受害后，树势减弱，严重时可导致整

图9-15　冬季天牛危害状

株核桃枯死。图 9-15 为冬季天牛危害状。

（一）生活习性及发生规律

发生的世代因地而异，越冬虫态各地也有不同，每 2～3 年完成一代，滇中地区 2 年发生 1 代，以幼虫和成虫在树干内越冬。翌年 5 月中旬越冬成虫开始外出活动，成虫具有假死性和趋光性。白天多栖息在大枝或树干上面，晚间开始活动。5 月下旬至 6 月上旬为盛期，啃食核桃当年生枝条的嫩皮和叶片，取食 30～40 天后开始交尾产卵。产卵多选择在直径为 10～20cm 的树干基部或同样粗细的大枝下面，产卵之前，雌虫先在树皮上咬出指头大小的圆形或椭圆形刻槽，后在里面产 1 粒卵。1 头雌虫一生可产卵 30～50 粒。卵期 10～15 天。幼虫孵出后，先把皮层蛀成三角形的蛀道，粪便和木屑便从蛀道孔排出。受害处颜色逐渐变深，树皮发胀，不久便开始纵裂，并流出褐色树液，可见丝状粪屑。这是识别云斑天牛危害状的重要特征。20～30 天后，幼虫逐渐蛀入木质部，蛀食一段时间以后，以幼虫越冬。第 2 年继续钻蛀危害，8 月份在蛀道顶端做 1 个椭圆形蛹室化蛹。9 月羽化为成虫后在蛹室内越冬。第 3 年核桃树发枝后，成虫从蛹室向外咬 1 个直径约为 12mm 大小的圆孔，钻出树干。图 9-16 为天牛类害虫。

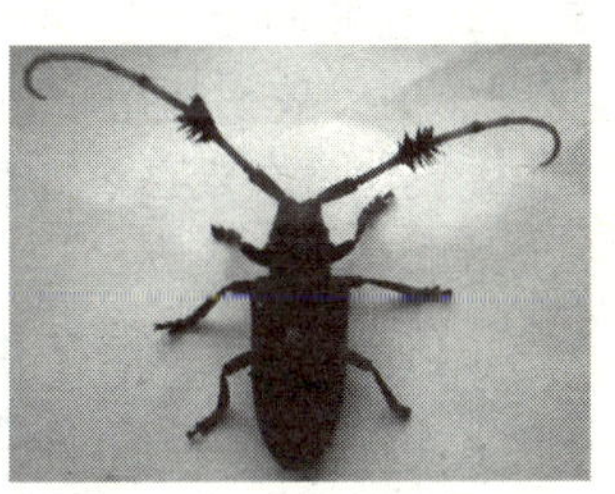

图 9-16　天牛类害虫

（二）防治方法

1. 人工防治

（1）人工捕杀成虫。在 5～6 月成虫发生期，组织人工捕杀。对树冠上的成虫，利用其假死性振落后捕杀。也可在晚间利用其趋光性诱集捕杀。

（2）人工杀灭虫卵。在成虫产卵期或产卵后，检查树干基部，寻找产卵刻槽，用刀将被害处挖开；也可用锤敲击，杀死卵和幼虫。

（3）人工钩杀幼虫。发现蛀入木质部的幼虫，可用细铁丝端部弯1个小钩，插入虫孔，钩杀部分幼虫。

（4）适地适树，加强抚育管理，增强树势，提高树木抗病虫能力。

（5）清除虫源树。于秋、冬季节或早春砍伐受害严重的核桃林木，并及时处理树干内的越冬幼虫和成虫，消灭虫源。

（6）饵木诱杀。如：利用天牛等蛀干害虫喜欢在新伐倒木上产卵繁殖的特性，于6～7月繁殖期，在林内适当地点设置一些木段（如桑、杨、柳、梨、栎等），供害虫大量产卵，待新一代幼虫全部孵化后，剥皮捕杀。

2. **生物防治**

保护天敌，利用小茧蜂、虫花棒束孢菌、核型多角体病毒（NPV）以及啄木鸟等抑制天牛。

3. **药剂防治**

（1）涂白。秋、冬季至成虫产卵前，用石灰5kg、硫黄粉0.5kg、食盐0.25kg、水20kg充分混匀后涂于树干基部（2m以内），若没有硫黄粉，可用敌杀死、多菌灵等杀虫杀菌剂代替，防止产卵，做到有虫治虫，无虫防病。同时，还可以起到防寒、防日灼的效果。

（2）虫孔注药：幼虫危害期（6～8月），清除虫孔处的粪屑，注入50%的敌敌畏100倍液，或50%辛硫磷乳剂200倍液，或塞入0.2g左右磷化铝片剂，然后用泥土封口。也可用棉球蘸50%的磷胺乳剂或50%杀螟松乳油，塞入虫孔。

（3）喷药防治：成虫发生期，对集中连片危害的林木，向树干喷洒90%的敌百虫1000倍液或绿色威雷100～300倍液杀灭成虫。

五、绿尾大蚕蛾

绿尾大蚕蛾是鳞翅目天蛾科害虫，又名绿色大蚕蛾、绿翅大蚕蛾、燕尾水青蛾。该虫分布在云南省各地，以幼虫危害叶片，严重时可将叶片吃光。

（一）生活习性及发生规律

一年发生2代，以茧蛹附在树枝或地被物下越冬。翌年5月间羽化为成虫。成虫昼伏夜出，有趋光性，日落后开始活动，21～23时最活跃，虫体大笨拙，但飞翔力强。产卵在叶片上，卵散开，每雌可产卵200～300粒。幼虫取食时先把一叶吃完再为害邻叶，吃光一枝再转另一枝，行动迟缓，食量大，每头幼虫可食100多片叶子。虫粪较大，在地面上若见到较大粒虫粪时便知树上有此虫危害。幼虫老熟后于枝上贴叶吐丝结茧化蛹。7月间出现第2次成虫，继续繁殖。幼虫危害至8～9月间，陆续结茧化蛹越冬。第2代幼虫老熟后下树，附在树干或其他植物上吐丝结茧化蛹越冬。

图9-17　绿尾大蚕蛾幼虫

（二）防治方法

1. 人工防治

人工捕杀，秋后至发芽前清除落叶、杂草，并摘除树上虫茧，集中处理。利用黑光灯诱蛾，并结合管理注意捕杀幼虫。

2. 生物防治

利用赤眼蜂等天敌抑制。

3. 药物防治

在低龄幼虫期喷90%晶体敌百虫1000～2000倍液；或80%敌敌畏乳油1000～2000倍液；或2.5%溴氰菊酯乳油1000倍液。

六、介壳虫

介壳虫是同翅目，盾蚧科的昆虫。大多数虫体上备有蜡质分泌物，即介壳。介壳虫是核桃树上最常见的害虫，常群集于枝、叶、果上，吸取植物汁液为生，危害轻者，树势衰弱，严重时会造成枝条凋萎或全株死亡。介壳虫的分泌物还能诱发煤污病，危害极大。常见的有吹绵蚧、樟蚌圆盾蚧、糠片蚧、朝鲜球坚蚧、桑白蚧、康氏粉蚧等6种。图9-18为介壳虫类害虫危害状。

图9-18　介壳虫类害虫危害状

（一）生活习性及发生规律

介壳虫一般1年发生1～3代，常因种类、地域、气候条件、寄主及寄生部位等而有区别。不同世代的介壳虫在生物学、生态习性等方面常存在一些差异，有时甚至在形态方面的差异也十分明显。下面以草履蚧为代表详细介绍其生活习性及发生规律。

一年发生 1 代。以卵在土中越冬；翌年 1 月下旬至 2 月上旬，在土中开始孵化，能抵御低温，在“大寒”前后的堆雪下也能孵化，但若虫活动迟钝，在地下要停留数日，由于春季冷暖无常，出土早晚不一致，温度高，停留时间短，天气晴暖，出土个体明显增多。孵化期要延续 1 个多月。若虫上树后多吸食 1～2 年生枝。雄性若虫 4 月下旬化蛹，5 月上旬羽化为成虫，羽化期较整齐，羽化后即觅偶交配，寿命 2～3 天。雌性若虫 3 次蜕皮后即变为雌成虫，潜入树根附近土中，经交配后潜入土中产卵，之后即死去。卵有白色蜡丝包裹成卵囊，每囊有卵 100 多粒。每雌可产卵 100～180 粒，产卵期 4～6 天。草履蚧若虫、成虫的虫口密度高时，往往群体迁移，爬满附近墙面和地面，令人厌恶。介壳虫的分泌物排泄在树皮上，黏液易生霉菌，使树皮上覆盖一层黑霉。

（二）防治方法

1. 人工防治

（1）加强植物检疫：严格检查购入苗木，如发现病虫，应采取各种有效措施加以消灭，防止进一步传播扩散。

（2）加强管理若个别枝条或叶片有介壳虫，可用软刷轻轻刷除，或结合修剪，剪去病虫枝、虫叶、弱枝和过密枝。要求刷净、剪净、集中烧毁，切勿乱扔。

（3）秋冬季节，结合果园整地或施肥等管理措施，收集树干周围土壤及杂草和土石缝中的卵囊和初孵若虫集中销毁。

（4）雌成虫下树产卵前，在树基部周围挖半径 100cm、深 15cm 的浅坑，放置树叶、杂草，诱集成虫产卵。

（5）若虫上树前，在树干上涂 6～10cm 宽的粘胶带，阻杀若虫。

2. 生物防治

保护和利用天敌：介壳虫有很多天敌，捕食的有瓢虫、草蛉、花蝽等，寄生的有多种寄生蜂，这些天敌能有效控制介壳虫，应尽量加以保护利用。喷农药时，尽量选择对天敌杀伤力小的，并且不要在天敌发生初期和盛期喷洒农药。用对天敌杀伤力小的喷施方法，如注射、涂白、根施。

3. 药剂防治

根据介壳虫的各种发生情况，在若虫盛期喷药。因此时大多数若虫孵化不久，体表尚未分泌蜡质，介壳更未形成，用药易杀死。每隔 7 ~ 10 天喷 1 次，连续 2 ~ 3 次。可用 40% 氧化乐果 1000 倍液，或 50% 马拉硫磷 1500 倍液，或 255 亚胺硫磷 1000 倍液，或 50% 敌敌畏 1000 倍液，或 2.5% 溴氰菊酯 3000 倍液，喷雾。

七、其他虫害

危害核桃的害虫还有很多，例如核桃举肢蛾、黄刺蛾、樟蚕、大蓑蛾等。

图 9-19　樟蚕的幼虫及成虫

第十章　核桃的采收、处理、贮藏及加工

第一节　采　收

一、采收时间

云南核桃果实的成熟期因品种和生长地的气候条件不同而异。一般早实品种的果实成熟期要比晚实品种提前20～35天。同一品种的核桃树，生长在不同的纬度、不同的海拔高度，其果实的成熟期也不相同，往往是较热地区及海拔较低的地区先成熟，较冷和海拔较高的地区后成熟。

采早了种仁不饱满，出仁率、含油率低，品质下降。采迟了因果实脱落造成损失。在云南晚实品种的云南核桃树的果实采收期，一般在农历白露节前后（9月上、中旬）；早实品种的云南核桃树的果实采收期在农历立秋节前后（7月下旬～8月上中旬）。采收时，应观察采果树的果实裂果情况。当外果皮（即青皮）由绿色变为黄绿色，一株核桃树的裂果比例在三分之一或达二分之一时，标志其果实的自然及生理成熟，此时即为核桃的最适合采收期。在任何地区、任何海拔高度生长的云南核桃树，均可以此作为其果实成熟的标志。如果实采收过早，不仅影响果实品质，而且果实难以脱落，容易打伤花芽，影响来年结果。如

果采收晚了，种实过熟大量脱落，造成损失。

二、采收方式

在云南一般采用人工采收。即在果实成熟时，用实心竹竿或带弹性的长木杆敲击核桃所在果枝下部或用杆尖上下抖落，用力适度，切不可直击乱打果实。人工采收时应该从上至下，从内向外顺枝击打，不能敲打果枝顶端，以免损伤枝芽而影响来年产量。将采下的果实按带青皮和不带青皮（白子核桃）区分开、运回处理。

第二节　采后处理

一、核桃果实的处理

（一）脱青皮

1. 堆沤脱皮法

核桃采收后及时运送到庇荫处、庭院内或室内，依采收的先后进行堆放，一般厚度在50cm左右，宽度和长度可按数量多少而定。堆子上面铺一层厚10cm左右的杂草或树叶。堆沤时间长短与果实的成熟程度有关，成熟度愈高，堆沤时间愈短，反之则长。适时采收的核桃，一般需堆沤3～5天即可脱青皮。

2. 药剂脱皮法

云南省林业科学院曾采用乙烯利进行处理。将收打回的果实堆放在地上，用300～500倍的乙烯利水液喷洒后，上面覆盖塑料薄膜，7天后有95%以上的裂果，用手轻轻搬开或用木棍敲打即可离皮，青皮不会腐烂，不染种壳，而且脱青皮的效率较高。

3. **机械脱皮法**

新疆农科院农机化研究所研制的“6B×H-800”核桃青皮剥离、清洗机，每小时可加工 1 吨多带青皮的核桃，剥净率 89.3%，损伤率 0.5%。大理州农机研究所近年也初步研究出一种小型的脱核桃青皮机，每小时可脱 500kg 青皮核桃。采用机械脱青，效率高，质量好，既可减轻劳动强度，又可避免核桃青皮对手的伤害。

（二）坚果清洗

脱青皮后的核桃应及时用水清洗，洗去残留在上边的污染物、泥土和纤维。清洗的方法通常是将刚脱皮的坚果装入筐内，把筐放在水池中，用棍子或其他工具搅拌，有条件的放在流水中冲洗更好。清洗时间视效果而定，一般只要将污染物洗掉即可，对个别外壳粘有残留物的则用细钢丝刷刷洗。一般情况下，只要采收适时，脱青及时，烘烤适时核仁都不会被污染，大多数泡核桃品种的外壳都接近白皮核桃的标准，可不必用药剂处理。清洗后及时进行烘干处理。

（三）干　燥

在云南，核桃干燥方法根据气候而定，阳光充足的情况下可采用自然晾晒，雨多潮湿的地方应采用烘烤的方式进行核桃干燥。

1. **晾　晒**

在气候允许的情况下，可采用日晒方法。这样做成本低、花工少。晾晒过程中要经常翻动，以达到干燥均匀，色泽一致。气候适宜，一般经 5 ~7 天即可晾晒干。在晾晒过程中要注意不要被泥土等杂物污染。

2. 烘 烤

由于云南省采收核桃季节多为阴雨天气，常常阴雨连绵，致使核桃不能正常晾晒，故为了保证核桃质量，需要进行烘烤。烘烤是生产白皮核桃的重要环节，它直接决定着白皮核桃的好坏和价格。烘烤方式主要有烤房烘烤和热风烘烤 2 种方式，在此我们介绍一下核桃烘烤房烘烤的方法。

（1）核桃烘烤房的优点。

①核桃壳白、仁白、无烟味：烟火烘烤为直接烘烤，烟火与核桃直接接触，烤出的核桃壳黑、仁和隔膜发黄、残留烟火味，甚至将核桃烤焦烤坏。而烤房烘烤为辐射烘烤，烟火与核桃不直接接触，温度湿度容易控制，因此烤出的核桃外壳、内仁和隔膜为白色或浅白色，烤出的核桃无烟味，保留了核桃的原始风味，核桃的外观和内在品质大大提高。

②节约时间和燃料：烟火烘烤一般需要 10 ~ 20 天的时间，每千克耗柴 0. 6kg。而烤房烘烤仅需 2 天，每千克耗柴 0. 25 ~ 0. 3kg。烤房烘烤核桃的时间大大缩短，能及时将采回的核桃烤完出售，燃料也降低一半多，省时、省工、省柴。

③核桃价格提高：由于烤房烤出的核桃从外观到内在品质都得到提高，客商及消费者十分欢迎，核桃不但好卖，市场价格也比烟熏核桃高 10% 左右（在国际市场上，白皮果的价格要比黑皮果高 40%）。

④简便易行：核桃烘烤房是在烤烟烘烤房的基础上研制、改进的，与烤烟烘烤房建设大体相似，大小规格可根据实际情况决定，可以新建，也可以用原来的烤烟房、畜厩、空房改建，建造方法简单，烘烤技术也不复杂。

此外，烤房烘烤核桃还具有烘烤量大，烘烤技术易于掌握，不会因烘烤不及时造成核桃霉烂，不会将核桃烤焦。总之，用烘烤房烘烤核桃具有改善核桃质量、提高核桃价值、缩短烘烤时间、降低烘烤成本等优点。

（2）核桃烘烤房简要建盖技术。

烤房为长方形或正方形，规格可根据地形和核桃产量而定，一般长宽为3m×3m，高4.5m。基础挖至坚硬位置，毛石砂浆支砌。墙体可用土基、红砖、空心砖支砌，也可用泥土舂成，在墙体的上、下部位各安装1扇房门，上门高、宽1.0m×0.7m，下门高、宽1.6m×0.7m，房门用木板或角钢铁皮制作，每面墙角各留2个20cm×20cm进气孔。房顶用拱形瓦屋顶两分水，屋顶材料用泥瓦或石棉瓦，屋顶与墙体要留适当的空隙，不能密封，以便排湿。在烤房的正面墙支砌前，先支砌灶门、灰仓（进风门）、烧火仓（灶塘）和观察窗。火龙5条，用烤房耐火砖或扁土基支砌，主龙1条稍大、着地，分龙4条稍小、悬空支砌防潮，靠墙边的两条龙可用板瓦作为盖板，龙与龙之间留踏脚，火龙必须稳固、密封，不能漏烟。烟囱用空心砖空对空支砌，从后墙排出，高出房顶1m以上。烤房内设2层炕架，第一层炕架距龙高1.5m，第二层炕架距第一层炕架1.5m。

（3）核桃烘烤技术。

①核桃上炕：核桃上炕应摊开摊平，厚度一般在15cm左右。不要摊得过厚或过薄，否则影响热量的扩散和水分的蒸发。堆放过厚将会造成烘烤不均，形成上湿下焦，使桃仁变质；过薄则会造成燃料浪费，也容易烤黄烤焦，同时绽裂果也会增多。

②火力掌握和排湿，一般情况下小火→大火→微火

第1~5h，炉温控制在35~40℃，并把屋顶上面通气孔全部打开。核桃烘烤的前期切忌火力过猛，必须让核桃里、外慢慢同时受热，避免水分滞留在壳内导致核桃仁发黄、发黑。

第5~15h，炉温控制在40~45℃，屋顶气孔继续打开。

第15~35h，炉温控制在40~50℃，待核桃烘干到40%以上时，将屋顶通气孔盖严。

第35～48h，炉温控制在30～35℃，最后一天就不再添火，用剩余微火和炉温烘至干透时为止。

第1～15h，为加快排湿，可在烤房内放1～2台鼓风机进行吹风，排除水蒸气。

核桃上炕后，所含水分比较多，这时不能翻动，因为此时核桃所含的大量水分经过加温烘烤后，变为大量的水蒸气，如果一经翻动，水蒸气就会污染核桃表面，留下深色痕迹，核桃烘烤的关键是掌握和控制好温度，及时排湿，让核桃果干燥。

直至核桃通过干燥达标出炉。烘烤如果出现炉温过高，应及时控制火势，降低炉温；入炉后5～15h要全部打开排湿孔，以达到尽快排湿目的。核桃烘烤中要注意前期火力过猛的问题，要让核桃果里外慢慢同时受热后才能逐渐加温，这样核桃仁里的水分才不会留在壳里。因此，入炉后0～15h温度控制在35～40℃。烘干后的核桃种实含水量率在5%左右。

二、果实贮藏

需贮藏的云南核桃种实（坚果）必须经过干燥处理。种实的含水率不超过7%时即可贮藏。数量较大的种实可堆放在干燥通风、背阴的木地板上，堆放厚度在50cm；也可用麻袋包装后，放于冷库中进行低温、干燥贮藏，麻包堆放高度不超过2m。其贮藏地必须具备冷凉、干燥、背光、通风等条件，才能保持核桃种实在贮藏期内不变质。核桃种实在自然保存条件下、较热的地区只能保存种仁6～8个月不变质，在较冷的地区可保存种仁一年左右不变质。在低温、干燥的冷库中核桃种实可贮藏一年半左右。在核桃种实贮藏的过程中应经常进行检查，防止鼠、虫害的发生，以免造成核桃种实不必要的损失。

第三节 核桃加工

一、核桃综合加工利用现状

20世纪70年代以前，云南主要销售带壳核桃，70年代以后逐渐开始加工核桃仁销售；20世纪90年代以后，除加工核桃仁外，还出现了较小规模的核桃乳、核桃油、核桃仁食品等加工企业；近年来开始利用核桃壳加工活性炭，同时，出现了小型核桃壳制作工艺品厂。尽管云南核桃加工业有了一定的发展，但目前云南核桃销售仍以带壳核桃和核桃仁为主。

（一）核桃系列产品加工状况

目前云南省核桃加工主要是围绕加工出口创汇较高的白头路核桃仁进行。各核桃产区的主要精力都放在加工销售头路核桃仁，二路、三路次之。一般情况，最好的仁用于出口，其次用于国内销售，最差的用于榨油。

20世纪80年代以来，一些乡镇企业和个体私营企业陆续加工了一些核桃系列产品，如琥珀核桃、咸核桃、蜜香核桃、蜂蜜核桃等。产品刚问世时，普遍受到欢迎，并有一定的经济效益和社会效益，然而，由于各种原因，这类加工困难重重，产品生产此起彼伏，最终难成规模，形不成气候。

20世纪90年代初以来，在云南省曾一度出现“核桃乳加工热”。几年中，全省加工核桃乳的企业达13多家，仅大理州就有2家，经过几年的市场考验，目前，全省仅剩下几家加工核桃乳的企业，其中大理漾濞核桃有限公司的生产规模可达6000吨，该公司还加工出售核桃仁等产品。

核桃油的加工一是利用加工核桃仁和核桃乳剩下的末料，二是利用铁核桃。加工方法，一般用机械榨油，没有条件的用原始的传统方法（压榨法）。

（二）核桃深加工产品研究工作

云南省关于核桃深加工产品的研究已取得可喜成绩。云南省中医学院研制的运动员型核桃乳，由云南省体委科研所对长跑、击剑、柔道运动员进行服用对比实验，一组服用普通型核桃乳，另一组服用运动员型核桃乳。运动前后对比，两种饮料均具有抗疲劳、抗缺氧、抗贫血的作用。而运动员型饮料的作用更为明显。云南省中医院还研制了核桃花粉酒，投放市场后受到普遍欢迎，具有可观的市场前景。云南省中医院还开展了利用核桃叶等作抗癌药物的研究工作。

（三）核桃加工企业

近年来，云南省建立了云南省核桃产业协会，积极扶持和培植核桃加工企业，做大做强龙头企业。目前，全省有一定规模的核桃商贸加工企业达到 108 家。在已认定的 94 家省级林业龙头企业中，涉及核桃产业的 14 家，占总数的 15%。云南汇智源食品有限公司、云南摩尔农庄生物开发有限公司、漾濞核桃有限公司、楚雄东宝、楚雄鑫盛达、景东南国莹银、凤庆巨达、香格里拉舒达等一批较有实力的公司打造了一批有一定影响的核桃产品品牌。“东宝一捏脆核桃”“舒达核桃油”在 2007 年年底举办的中国国际林产品博览会上获得金奖，“漾濞核桃乳”等三个产品获大会银奖。香格里拉舒达生产的舒达牌核桃油获 2008 年度省名牌产品。云南汇智源食品有限公司生产的特级核桃油，2011 年在首届中国核桃节上荣获金奖。各地不同规模的核桃加工企业逐步成长。

（四）各市州核桃加工情况

大理州漾濞县早在10年前，就成立大理漾濞核桃有限责任公司深度开发核桃资源，目前该公司开发的核桃乳、核桃油、核桃精炼油胶囊等产品畅销省内外市场，年产值在3500万元以上；2004年，漾濞县成立核桃秀工艺品厂，年生产核桃壳工艺品10万多件；近年成立的漾濞活性炭制造厂，通过消化全县核桃加工时产生的核桃壳，年产活性炭380吨，产值接近300万元。该县还利用新核桃剥离的青皮，加工成染色剂、农药。该县核桃初级产品加工企业年加工销售核桃仁500吨以上的企业达到5个，100~500吨的有10个。楚雄州大姚县已建成以核桃为主要原料的加工企业和商贸企业5家，丽江市永胜县林辰绿色资源开发有限公司引进铁核桃生产加工工艺，用当地的铁核桃榨油，使全县每年近2000吨的铁核桃得到加工利用，引发了当地新一轮的核桃种植热潮，林农仅核桃收入就超过了1000万元。

二、核桃综合加工利用前景展望

（一）核桃综合利用前景

我国核桃栽植历史悠久，资源丰富，核桃综合利用研究成果已有不少，但多数都没有投入生产，核桃资源的利用仍以干果及其粗加工品为主，上市的核桃粉、核桃乳等其他加工食品很少。这极大地减低了我国核桃的经济价值，大大降低了核桃果的附加值，因此我国应对核桃的深加工引起重视。

首先，应在传统加工方式完善的基础上，进一步开发新的加工产品。传统加工方式的核桃油、核桃乳、核桃粉、风味核桃仁应本着综合开发，降低成本，扩大企业规模，创造名牌的原则，在加工出好的产品的同时，树立自己的民族品牌。在新产品的开发上，要借鉴外国的先进经验，可将中国的核桃与国际口味相接轨，如：核桃冰淇淋、核桃酱等。目前国际市场对核桃的需求十分迫切，随着油脂微胶囊技术的成熟，核桃油贮存期的延长，核桃油应是核桃深加工的主流方向。随着我国人民生活水平的提高，传统的旅游休闲小食品风味核桃仁也将有其广阔的市场前景。

其次，核桃系列工艺品的开发将是核桃深加工的一个新的亮点。核桃天然的纹理是它开发的基础，人们对核桃的偏爱是它得以开发的客观条件。以核桃开发出的雕刻、相框、挂图，将为丰富人民的文化生活做出贡献。

总之，核桃浑身是宝，如果能加以综合利用，合理开发，并促成产业化，将会使我国的核桃资源优势变为经济优势。

（二）综合利用对策

为了加快我国科研成果的转化，提高我国核桃资源的利用率，现提出以下综合利用对策：

（1）加快核桃加工利用专利技术的转让。我国目前有关核桃专利已有不少，但真正投入生产的并不多，因此在核桃加工方面应集中资金，扶持重点企业，推进产业化进程。

（2）进一步研究和分析核桃仁的营养和药用成分，为各种核桃品种的核桃保健食品的开发提供理论依据。

（3）加强核桃深加工品的研究工作，探索新工艺、新方法，为生产新的产品提供技术条件。目前核桃深加工品的生产还未形成规模，主要原因是生产技术上还存在一些问题。比如，核桃油是一种很有发展前途的新型营养保健品，对于拓展对外贸易、出口创汇具有良好的经济和社会效益，但我国的核桃油的开发由于原料不足还处于起步阶段。因此这是科研领域的一个主攻方向。

（4）加快核桃资源综合开发利用步伐，提高核桃的利用价值。根据分析，核桃全身都是宝，特别是核桃内含物核桃醌、植物碱的研究开发意义较大。但目前在对其他部分利用研究上都是刚起步，只做了一些基础研究，还没有形成规模化生产的氛围。因此，核桃花粉、青皮、果壳及树叶等资源开发方面，应引起有关部门的高度重视。

第十一章　薄壳山核桃

薄壳山核桃（*Carya illinoensis* K. Koch），属胡桃科山核桃属植物，又名美国山核桃、碧根果、培甘（pecan）、长寿果，原产美国南部及墨西哥的北部，19世纪初由传教士传入中国。属高大乔木，树高可达50m，胸径250cm。树皮灰褐色，纵裂呈片状脱落。冬芽黄褐色。奇数羽状复叶，互生，小叶11～17片，椭圆状披针形或微弯成镰形，长7～18cm，有锯齿或重锯齿。花单性，雌雄同株。雄花生于头年生枝腋部，为三出柔荑花序（见图11-1），雌花着生于当年新梢顶端，穗状花序。果长椭圆形（见图11-2），长3.5～8cm，有条4纵棱，外被黄

图11-1　雄花序

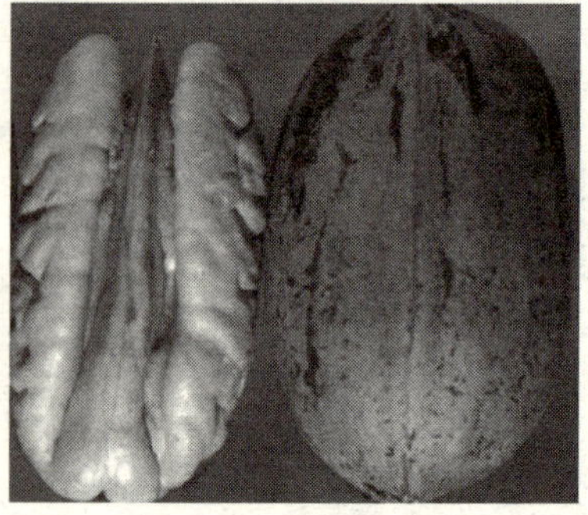

图11-2　坚　果

色或灰黄色腺鳞，外果皮四瓣裂，革质。坚果矩圆形或长椭圆形，长2.5～6cm，光滑，淡褐色，具有暗褐色斑痕和条纹，壳较薄，基部2室；种仁味甘而香润。

云南省林业科学院漾濞核桃研究站于1974年开始引种，分别引进了绍兴和金华，此后又陆续引进50余个山核桃品种，经过在全省各市州的扩大引种试验示范之后，目前已选育出5个（其中有3个已经通过云南省林木良种审定委会员审定）的优良品种，目前已在全省气候适宜地区进行推广种植。

美国山核桃适宜种植在海拔800～1600m的湿润的亚热带地区，要求年均温为15～20℃，年降水量在800mm以上，无霜期250天以上，土层2m以上，土壤pH值5.8～7.0，土壤类型为沙壤土为佳。在《云南省核桃产业发展规划》中，薄壳山核桃作为在普通核桃不适宜种植的较低海拔地区中发展经济林果树的有力补充，计划发展500万亩。

薄壳山核桃具有早实、丰产、稳产、优质等特点。经过试验，壮苗经过2～3年时间的生长可开始挂果，12年生的树可挂果20kg左右（见图11-3）。同时，坚果壳薄，光滑，美观，大小及果形似草果，种仁饱满，外色金黄，仁色乳白，口感香醇，

图11-3　12年生结果树

营养元素丰富，富含单不饱和脂肪酸和锌元素，是非常优秀的健脑补肾的保健绿色食品。

第一节　薄壳山核桃的价值与生态作用

一、营养价值

薄壳山核桃是世界著名的优良油料干果树种。其坚果外表光滑美观，壳薄，仁丰腴易取，出仁率高达45%～70%；种仁黄色或金黄色，食味香醇，口感特好，无涩味。营养丰富，仁含油率72%（最高可达78.95%），其含蛋白质11%，碳水化合物13%、水分3%、灰分1%。且氨基酸含量高，富含维生素 B_1 和 B_2，热值达32kcal/kg。食用价值很高，是一种珍贵的高档干果。仁可直接食用外，还可榨取高级食用油和作为制作馅饼、糕点、冰淇淋等的原料。其果仁油还常用于制药和化妆品生产。薄壳山核桃的果仁油中大约有73%的单不饱和脂肪酸（主要是十八烯酸），其含量丰富，作为食用可降低冠心病的发病率。其种仁还含有维生素E，具有防衰老、健肠胃、预防前列腺癌的作用。此外，种仁还含丰富锌。锌与性激素的合成有关，多食可以改善性功能。薄壳山核桃的果仁还有收敛和止血的功效，能医治消化不良、肝炎、流感等疾病，是理想的保健食品和添加剂。

二、经济价值

美国山核桃的经济价值也很高，在美国其坚果的每千克售价4～8美元，我国60～80元，为核桃价格的2～3倍。薄壳山核桃是一种优良的硬阔叶用材树种。其林木的木材结构坚密，力学强度高，纹理和色泽十分美观，有着广泛的用途。尤宜作为高档家具及胶合板的贴面，用于制作钢琴、体育用品等。因其木材具有硬度高、抗压、耐磨的特性（其硬度是栎木二倍，适合于做木地板），而仅次于美国黑胡桃和黑樱桃木材，被称为第三硬阔叶材。

三、生态作用

薄壳山核桃树体高大，根深叶茂、叶色深绿发亮、生命周期长，是一种很好的绿化树种。在美国农场、庄园、学校、教堂；在我国南京的街道，黄山，杭州公园可以见到种植的薄壳山核桃树。由于薄壳山核桃树的根系不含核桃根系中所含的苦涩物质，故在云南省还可以作为茶叶和咖啡的遮阴树。因此，大力发展薄壳山核桃种植业对调整云南省山区的农业结构，实施退耕还林工程，培植山区新型绿色产业，为山区人民脱贫致富，绿化美化山区，改变其生态环境有着重要的现实意义（见图 11–4）。

图 11–4　种植于石漠化地区的树（3 年半生）

第二节　薄壳山核桃品种

我国自20世纪50年代开始，在所引种的薄壳山核桃实生树中进行了选种。浙江农学院选出鼓楼、莫愁、钟山3个品种，南京林业大学选出石城（南京148）品种，安徽林科所选出黄山一号品种，浙江亚热带作物研究所选出长林13号、绍兴、金华、山站2号等品种。据不完全统计，云南省前后9次从国内外引进薄壳山核桃品种。其中从国内引进品种4个；并从美国东部、西部和北部引进品种50余个。到目前为止，云南省共引进薄壳山核桃品种54个。云南省林业科学院开展了品种比较试验，筛选出金华、绍兴、抛尼、卡多、肖尼5个优良品种在生产上推广种植。现对此5个薄壳山核桃品种作简单介绍。

一、绍　兴

图11-5　绍兴结果枝

1931年从美国引入该品种的种子，培育成实生树，而由浙江亚热带作物研究所评选为优良品种。1974年在云南省引种后表现良好。该品种的雌雄花期能相遇，结果稳定，较丰产，大小年不明显，不需配置授粉树。其嫁接苗种植后，3~4年可结果，10年生株产果15kg，20年生株产果30kg，26年生最高株产果达60.7kg。坚果重5.2g，出仁率48.3%，味香甜。种仁含油量73.8%。本品种的缺点是空瘪粒比例较高，高达20%，但种子发芽率高，是云南省薄壳山核桃培育砧木苗的主要种源（见图 11-5）。

二、金　华

1932 年从美国引入该品种的种子培育成植株，而由浙江亚热带作物研究所选为优良品种。1974 年在云南省引种表现良好。雌雄花期能相遇，结果良好，不配置授粉树也能结实。其嫁接苗种植后，3 ~ 4 年生时有少量植株能结实。10 年生株产果 16kg，20 年生株产果 30kg，26 年生时的最高株产果达 40kg，大小年明显，但种子质量很好。坚果重 6.9g，出仁率 54.2%，仁味特别香醇，比一般品种口感好，其种仁含油量 74.8%，是群众最喜爱的薄壳山核桃品种（见图 11-6，图 11-7）。

图 11-6　金华结果母枝

图 11-7　金华坚果

三、抛尼（Pawnee）

1963 年经美国人布朗伍德杂交育成，1984 年发布（见图 11-8，图 11-9）。坚果椭圆形，果顶钝尖，果基圆，横切面扁平，出仁率 58%，种仁金黄色，脊沟宽，脊沟靠果基部分裂深。雄花撒粉早或居中，少量可以自花结实。为雌先熟品种。可用威奇塔（Wichita）、贝克（Baker）、长林13号等品种的植株作为授粉树配置。该品种的特点：早实，坚果早熟，有大小年倾向。中度感染叶斑病（*Mycosphaerella dendroides*），较抗黄蚜（*Monelliopsis* sp.）虫害。

图11-8　抛尼结果枝

图11-9　抛尼坚果

四、卡多（Caddo）

该品种为杂交品种，1968年定名推广（见图11-10，图11-11）。其坚果长椭圆形，果基、果顶锐尖，似橄榄形，132～165个/kg，出仁率52%～58%。种仁脊沟宽，金黄色，品质优，耐贮藏，色泽保持能力极佳。雄先熟型。据初步观察威奇塔（Wichita）、贝克（Baker）、长林13号品种的雄花期（4月下旬至5月初）与卡多的雌花期（4月下旬至5月初）相近，可用此3个品种的植株作授粉树配置。该品种早实较丰产，坚果早熟，食味口感好，大小年不明显。缺点是抗黑斑病能力差，且坚果偏小，外形不美观。

图 11-10　卡多结果枝

图 11-11　卡多坚果

五、肖尼（Shawnee）

图 11-12　肖尼结果枝

早实，1 年生嫁接苗 3 ~ 5 年开始结果，9 年进入初盛果期，每年 9 月下旬至 10 月上旬果实成熟；丰产，7 年生冠影产仁量 0.47kg/m^2；优质，坚果平均粒重 7.9g，壳薄，取仁易，仁色黄白或金黄，味香醇，出仁率 60%，仁含油率 76.4%，为仁用品种。适宜在云南省海拔 1000 ~ 1700m 的中南亚热带半湿润气候区域种植。

第三节　薄壳山核桃繁育方法

薄壳山核桃种内嫁接亲和力好，嫁接成活率高，树体生长好，结实多，坚果大，品质好，能保持母本的优良特性。而种间嫁接，据美国报道，用毛山核桃（*C. tometosa*）、水山核桃（*C. aquatica*）嫁接薄壳山核桃，虽能成活，但生长慢，且结出的坚果小。云南省利用野生东京山核桃（*C. tonkinensis*）幼树或实生苗作砧木嫁接薄壳山核桃，其嫁接成活率达50%～80%，但同样存在结出坚果变小，10年生的嫁接树从接口处断裂不亲和的现象，因此不宜在生产上推广应用。同样，铁核桃与薄壳山核桃是同科不同属的树种，亲缘关系较远，采用铁核桃作砧木，嫁接成活率极低，即使成活，几年后也容易出现“大小脚”现象，风吹则折，因此也不能采用铁核桃作砧木，目前均采用本砧进行嫁接。

一、种子采收与处理

薄壳山核桃的果实10月中旬至11月上旬大量炸裂时，即可采收。用来育苗的种子，切忌暴晒和烘烤，否则影响发芽率。若进行冬播，可随采随播，种子的发芽率可以达90%以上。若种子不冬播，最好在室内用湿沙层积贮藏，或将半干的种子放入纤维袋内，然后放置在4～5℃冷库内贮藏，60～90天后即可进行春播。也可将种子晾干后贮藏，但播后发芽较晚，出苗不整齐。在室温条件下，贮藏8个月以上的种子会失去发芽能力。据试验，播种前用300～500mg/L的赤霉素（GA3）液浸泡种子7天后，可使种子发芽快，出苗整齐，还能提高发芽率。

二、田间育苗技术

（一）砧木苗培育

1. 苗圃地选择

苗圃地应选择在交通方便，地势平坦，光照充足，背风向阳，排水灌溉条件好的地方。土壤应深厚肥沃，为疏松的沙壤或壤土。也可在病害少，没有污染的常耕地或撂荒地上设圃。

2. **整地作床**

苗圃整地作床前要清除杂灌木、石头等，撒生石灰粉或多菌灵消毒，进行深耕整地作床。施足底肥，每亩施厩肥 2500～3000kg，普钙 150～200kg。苗床做好后喷高锰酸钾液对床土消毒。所筑苗床的大小以管理方便为准。为充分利用土地，一般作高床，宽 1～1.2m（见图 11-13），长度视地形长短而定，床面平整。步道宽 40cm，要互相连通，便于排水防涝。

图 11-13　苗　床

3. **播　种**

（1）播种时间。培育薄壳山核桃砧木苗的播种季节分冬播和春播。冬播时间在 11 月至翌年的 1 月，春播为 2～4 月。云南具有冬无严寒的特点，故一般采用冬播。

（2）播种方法。薄壳山核桃种子（坚果）含油率高，播种后要求覆盖种子的物质透气性要好，种子的发芽率才高。据试验，覆盖土的种子发芽率在 50% 左右，覆盖细沙可使种子的发芽率提高 10% 左右；覆盖山基土可使种子的发芽率提高 10%～

20%，且苗木生长比覆盖细沙或土的要好。又据试验，用采下的湿种子进行营养袋（种子播在营养土面，覆盖细沙）和苗床（开沟播种，种子上面覆盖山基土或细沙）播种育苗，播后苗床再盖单膜或双膜，一个月后开始出苗。也可用细沙分层堆积催芽，待种子开裂出芽后，进行点播或行播，再盖膜育苗。

几种育苗方式的效果都很好，冬播育苗苗木的生长期长，且育出的1年生苗（见图11-14）比春播的苗木粗壮高大，有50%～80%苗木达到供第2年春季嫁接的粗度，从而缩短了1年的育苗时间，还不必贮藏种子。春播苗木生长期短，苗木生长纤细而不高，多数苗木要到第3年才能嫁接，成本较高。云南省培育薄壳山核桃砧木苗的播种株行距一般采用15cm×（30～35）cm，每亩圃地可育苗9000～10000株。

图11-14　一年生实生苗

在气温低有霜害的地区进行薄壳山核桃冬播育苗时，育苗期间需要盖膜增温。常用方法：

①催芽直播。播种前将做好的苗床浇透水后，等表土水汽晾干，喷施除草剂后，盖上薄膜，用细土将薄膜盖严压实防止生长杂草，减少土壤的水分蒸发，增加土温。然后在覆膜的苗床上按照播种的株行距打洞，将刚出芽的种子播入洞中，并用湿细土或细沙将种子盖严，种子播种完后在苗床上再搭盖拱棚，以防止种子出芽后冻坏。等气温升高无霜害时方可拆除拱棚。亦可将采收到的湿种子直播于苗床（见图11-15），播后用土或细沙覆盖种子，苗床浇透水后盖上拱膜和地膜，待种子出芽后方撤去地膜，保留拱膜，等无寒害才拆除拱膜。

图 11-15　苗圃地直播

②营养袋育苗。营养袋育苗可于 11 月份把装好营养土的营养袋放置在苗床内，到 12 月份将处理过的种子或经催芽的种子点播入营养袋内，种子表面覆盖上一层 5cm 左右的细沙或细土，在上面再盖草席，浇透水后搭盖拱棚。

春播方法与冬播方法基本相同。经湿沙贮藏过的种子可直接播于苗床。若是干种子，播种前需用水或 300 ~ 500mg/L 的 GA3 液浸泡种子 7 天后播种。此时播种气温较高，育苗不需盖双膜。薄壳山核桃种子（坚果）是老鼠最喜爱吃的食物之一。种子播下到长成小苗前为鼠害期，应注意投毒杀鼠，避免造成损失。

（二）嫁接苗培育

1. 接穗采集和处理

薄壳山核桃接穗采集时间一般在 1 月中下旬至 2 月上旬，宜选择 4 年生以上的良种薄壳山核桃树作为采穗母树，选芽饱满肥大、生长健壮、髓心小、充分木质化、无病虫害的枝条作穗条。

穗条采集后将其穗条上部木质化差，髓心大及枝条下部的弱芽部分剪去，选用中间芽饱满，木质化程度高的部分剪成30cm左右长的穗条后进行蜡封。蜡封穗条是为了防止穗条水分散失，起到保鲜保湿作用，以提高嫁接成活。封蜡的配制：用1份蜂蜡+9份石蜡放在锅内加热熔化，温度保持在90～100℃范围内进行蜡封。封蜡的温度过高，其穗条上的芽会被烫伤（坏）；而温度低，蜡封的厚，易脱落，达不到保湿的目的。蜡封速度要快，不能烫伤穗条。蜡封时需将整条穗条封严，封好冷却后装箱，放在通风、透气、低温的室内或地窖中，此方法可贮藏1个月左右。若需长时间贮存可贮存于冷库中。在贮藏期间切忌在穗条上浇水和盖湿锯末或湿稻草。湿度过大，会造成穗条的霉烂或提早发芽。穗条在装箱运输时装箱要紧实，防止运输途中穗条互相摩擦造成脱蜡。装好穗条的每个纸箱上标明品种、数量、规格、采集日期、采集地点、采集单位、经办人等。

2. 嫁　接

（1）嫁接时间。薄壳山核桃的发芽比核桃树迟一个半月左右，在云南省嫁接时间一般在2月下旬至3月底。也可在夏至节令进行枝接。

（2）嫁接方法。国内外采用方块芽接（春、夏、秋三季均可方块芽接）、削芽接、腹接、双舌接、插皮接、切接、劈接、嫩枝嫁接等嫁接方法，嫁接的成活率都很高。云南省春季嫁接常用的方法是切接。因为此方法操作简单，速度快，工效高，成活率高，只要认真掌握好嫁接时间和穗条质量，一般的嫁接的成活率在75%左右，有时高达90%以上。有的地方采用单芽短枝腹接（又称削皮接），成活率也高，以下就这两种嫁接方法作介绍。

①单芽切接。与云南核桃的嫁接方法一样。离地面高10cm左右处将砧苗剪断。用刀在其断面1/6或1/5地方切出嫁接口。

切时刀不要垂直切下，要微斜（约15°～20°）切下，稍将砧苗的木质部切断。切口长4cm左右，这样插入接穗后切口小，夹得稳，嫁接成活率高。砧木切好后，在穗条上选一个饱满健壮芽作接穗。用刀在其接穗芽的下部削成长4cm左右的斜面后，翻转180°又削出3cm左右斜面，两斜面长度稍不等。将削好的接穗插入砧木接口里。特别注意插入接穗时要将接穗斜面一边的皮层与砧木斜切口一边的皮层对齐，即双方的形成层对齐。嫁接好后用薄膜将嫁接口包严，同时将接穗上部的剪口也包严。

②单芽短枝腹接。此法与削芽接（舌状芽接）基本相同。不同的是削芽接削出的芽片略带木质部，而单芽短枝接的接穗只在嫁接面削去皮和部分木质部。具体操作是在砧木的一侧离地面15cm左右，用刀削出长6cm左右稍带木质部的接口，然后将其削裂的部分留1cm左右切去上部，保留的树皮用来夹接穗。砧木的接口削好后，在穗条上选具饱满健壮的芽作接穗。在芽的正下方2.5cm处用刀削出短接口，然后将穗条翻转180°，在接穗的正背面用刀从刚削好的接口处往上稍带木质部削出长约5cm左右的削面作为嫁接面。接穗削好后，在芽的上方2cm左右处将接穗剪断，插入砧木接口，插入时对准砧木和接穗的形成层后，用左手捏紧接口，用右手拿塑料条把接口包严绑紧。砧木上部，一般不剪，到接穗发芽成活后逐渐剪去。也可以离地面50cm处剪去砧木顶端，在离地面15cm左右处嫁接，成活仍然高。此法成活率高，但因操作没有切接简单方便，速度慢而采用少。

（三）田间育苗管理

1. 砧木苗管理

双膜覆盖播种因地膜紧贴在苗床而不需拿走，只需对苗床适时浇水。气温升高、无霜后可以撤去拱棚。只用地膜覆盖，不搭搭棚的，苗床虽然杂草少，水分蒸发慢，但要视情况除草和浇水。在雨季开始后补施复合肥或有机肥，以促使苗木快速生长，达到嫁接的粗度。

2. 嫁接苗管理

苗木嫁接后要经常抹去砧木的萌芽，促进接穗发芽，长至15cm以后，若其枝上的主副芽都发芽，只保留1枝培养成苗，将多余的枝剪去。穗条若是果穗，嫁接成活后开出雄花和雌花，雄花可以不抹自己会脱落，而雌花则要人工摘除，不让其结果消耗营养，影响苗木生长。6月开始，嫁接苗长到50～60cm，要及时解带松绑。对枝叶生长过密的要修枝打叶，保持苗木透光透气良好。若嫁接苗长得差，应在7月份补施追肥。

3. 病虫害控制

在薄壳山核桃的育苗期，目前发现的虫害有金龟子、刺蛾幼虫、叶蝉取食苗木上的嫩叶。5～9月视危害情况喷施40%乐果乳剂1000～1500倍液2～3次，以预防圃地叶蝉、金龟子的发生。

4. 苗木出圃

11月底待所培育的薄壳山核桃嫁接苗木的叶片落完后，按苗圃5%面积的抽样比设置样方调查出苗量，以折算出整个苗圃嫁接苗的成苗数，并分别统计出各种品种各级苗的苗木数。将嫁接苗按苗高30cm以下，30～50cm，50cm以上分为三级。分别统计出各种品种各级的种苗数。薄壳山核桃嫁接苗主根发达须根少，根深难挖。在起苗前一周需对苗木进行浇灌，以便好起苗，而减少对苗木根系的损伤。起出的苗木主根系长度至少在40cm以上，种植成活率才高。起苗时，防止太阳晒伤苗木，将起出的苗盖上湿稻草或置于阴凉的地方。同时把长得细弱，嫁接口愈合不好，根系差，挖断的苗检出，重新进行栽培，待明年长好后再出圃。砧木上有萌生枝要剪去。然后按25、50或100株苗的数量进行打捆。用湿稻草把根系包住，外面再包塑料布，防止根系失水，影响植苗成活率。每捆拴上标签，上面写明品种、数量、地点、发货人、发货时间。苗捆好后放置在阴凉处，等待运输。苗木外运需履行检疫等相关苗木手续。用集装箱或有篷布的车运苗，运输过程中防止苗木被风吹日晒。

第四节 薄壳山核桃种植综合技术

一、种植园地的选择与区划

（一）园地选择

薄壳山核桃的种植园地应选在中亚热带和南亚热带半湿润或湿润气候带，交通方便，水源好，无环境污染，地势开阔平坦，光照长的阳坡或半阳坡，以及排水良好的山脚、平地、缓坡地、退耕地等地方。其园地的土壤要疏松肥沃，土壤层厚度要求2m以上，土壤的pH值5.5～7.0。

（二）园地规划

园址选好后，依据地形、面积和种植的品种划分小区。小区形状、大小和方位的设置应以作业方便，能充分发挥机具效益，便于水土保持，便于土、肥、水管理，便于采收运输为原则。种植园内的道路一般设有干道和支路。干道供车辆和机具通行，位于小区中间，宽3～5m。支路宽1～1.5m，供手推车和人行。

二、种植园的整地、定植

1. 整　地

在种植园的缓坡地上可按规划的种植株行距整地挖塘，在坡度稍大的地方则沿等高线挖塘。若要进行林粮等间作，可在挖塘的同时进行全面开垦整地。坡度大的地方，经济条件好，可按等高线设种植带和种植塘。但挖种植带时要防止造成水土流失。若选择杂灌木地和林地做种植园，在整地前必须先砍除杂灌木或林木，然后进行炼山，再整地挖塘。

2. 定　植

（1）种植时间。薄壳山核桃于 11 月底进入休眠，3 月中旬芽膨大，故种植时间可在 11 月下旬至翌年 2 月底。

（2）品种选择。云南省种植薄壳山核桃宜选择传统栽培品种绍兴、金华和经林木品种审定委员会审审定的抛尼、卡多、肖尼等良种。

（3）种植密度。薄壳山核桃树体高大，种植株行距一般为（7～8）m×（7～8）m，每亩种植 10～14 株。

（4）种植塘的规格。一般薄壳山核桃种植塘的规格为（80～100）cm×（80～100）cm×（80～100）cm。挖塘时熟土放一边，生土放一边。在塘的底部及周围撒 0.5kg 生石灰粉进行土壤消毒防虫。

（5）施基肥。每个种植塘施厩肥 50kg，普钙 2kg，如有条件每塘加施 0.5kg 复合肥。

（6）苗木处理。嫁接苗种植前先修根，将伤根、腐根剪除，解去接口包扎薄膜，然后用 100mg/L 的生根粉液或吲哚叮酸液（1g 的生根粉或吲哚叮酸用 0.5kg 酒精溶解后，加入 9.5kg 的水可配制成此两种生长素的 100mg/L 浓度液）蘸根处理。

（7）种植方法。种植塘内放入厩肥后，将普钙和复合肥均匀撒在厩肥上和塘周围挖出的土上，然后回表土一半，拌匀，再回表土 25cm 厚，做好栽前回土工作。种植时把苗放于塘中心，扶正，回入生土略高于塘面，用手捏住苗木的嫁接口下部轻提一下，使其苗根疏展，根茎与塘面一样高，再用脚把土踏实，浇透定根水后再回填10cm厚的土，做成直径70cm左右，边高中低的树盘。定植后的嫁接苗嫁接口要露出土表，不要埋入土内。在中、南亚热带种植的薄壳山核桃苗木，会因遭白蚂蚁啃吃树皮而死亡，特别是以多年的撂荒地和杂灌木荒地作为园地的，其苗木种植后受蚂蚁危害更为严重。为了防止白蚂蚁啃吃危害，可在苗干周围撒上灭蚁农药，与土拌匀，然后用塑料薄膜把塘盖好，并用土把薄膜压实盖严。此外，在雨季来临之前还要继续查看白蚂蚁对苗木的危害情况，做到及时防治。

第五节 薄壳山核桃经营管理

薄壳山核桃植株主根发达，须根少，根系恢复慢，种植的苗木常因水分不足而死亡。为了提高种植成活率，除要求种植时浇透定根水外，到雨季来临之前，每隔15~20天对所种植的苗木要补浇1次水（30kg左右）。薄壳山核桃嫁接苗种植后要加强管理，应有专人管护，防止人畜践踏破坏。种植后的4~10月份应及时抹去砧木萌发出的芽。雨季到来后，可以撤除覆盖定植塘的地膜。设于坡地的种植园可将种植塘筑成外高内低的鱼鳞状，以拦住地表径流，使其流入塘内增加灌水量。

一、树体管理

（一）整 形

1. 定 干

薄壳山核桃多用两年生嫁接苗种植，此时多数的苗高在1m以上，可以在种植当年1.5~2.0m处对其嫁接植株定干，培养主干枝和辅助枝。若植株的高度不够，可延至第2年进行定干。

2. 整　形

国内外所经营的薄壳山核桃园，其植株一般采用的树形有变侧主干形、主干疏层形和自然开心形等。根据生物学特性，多培育成2~4个主枝开心形，最好为3大主枝开心形。而我国种植的薄壳山核桃，其植株的树形多采用主干疏层形。主干高1.2~1.5m。有主枝9~13个，分四层，第一、二层主枝各3~4个，每主枝配侧枝3~4个，第三层主枝2~3个，每主枝配侧枝2~3个，第四层主枝1个，每主枝配侧枝1~2个。这样的树形层次多而不明显，且着生的枝条亦多，树冠大，中央领导枝明显，有利于多结果，且便于采收。有的小树主干不明显，各主枝长势相差不多，将其整形修剪为主干疏层形难，可以顺其自然培养成为3~4主枝的开心形树形。

（二）修　剪

为避免或减少树体伤流，对薄壳山核桃植株进行修剪的时间，根据云南省立春后气温回暖快的特点，结合采穗可以在立春前后修剪。在其幼树时期可以适当调整主枝，将不合理主枝疏除；对旺长枝进行短截，以控制其生长过快，保持树冠的相对平衡。同时要疏除过密枝、下垂枝、交叉枝等。苗木定植后的第2年秋末或第3年立春前后，进行植株的定干和选留主枝等修剪工作。植株定干后从发出的新梢中选生长健壮、位置适中的枝作为中央领导主干枝，并绑杆扶直。按水平不同方位选好3~4枝作为主枝，即为该树的第一层主枝。到初夏时该植株的春梢已长成，除中央领导干枝外，所生长的其他主枝视情况进行修剪。对生长过旺、过长的枝要摘心或短截，使各主枝生长基本平衡。同时调整主枝和主干之间的角度，角度小的要撑大，角度大的用绳索拉拢。以后随着中央领导主干枝的延长，每年留一层主枝，直到选定第4层枝为止。各层枝之间距离不要太近，避免光照不足。主枝与中央领导主干枝的角度以 45° ~ 70° 为宜。每层选留主枝时要注意位置互相错落，不要重叠。短截层的中央领导主干枝的高度要明显高于其他主枝。对于生长过旺，难于控制的竞争枝，在严重影响中央领导干枝时要疏除。选留的主枝从第 2 年开始培养侧枝。选留时要注意水平方向的合理布局，避免互相交叉。主枝上也可适当留临时枝，但要控制使用，不能影响树体合理结构的培养。各种延长枝、侧枝、临时枝等出现过旺过长时，要短截，避免树冠过快外移。一般以轻剪为主，剪去枝长的1/4，太长的枝剪 1/3 或 1/2。12 年生以后其树冠顶部开始结果，进入大量结实时期，此期间的树体修剪，除了短截培养结果枝外，长枝一般作调整性修剪。疏除过密枝或生长部位不当的大枝，以改善树冠的结构，为植株创造良好的通风透光条件。同时亦将枯枝、弱枝疏除。树冠空间较大时，有长势较强的非主枝可以短截或回缩，培养为大、中型结果枝组。到 10 年生时树高达 10m 左右时，可以断顶控制高生长。

二、土壤管理

（一）改台地

待薄壳山核桃树栽植后，应将其种植园地改为台地，以便于开展浇水，施肥、喷药和果粮间作、果实采收等工作。暂不能改为台地的应逐年深挖扩大树盘。

（二）深翻和中耕除草

每年秋季对全园园地的土壤深翻一次，在其植株的生长期对园地进行 2 ~3 次的中耕除草。

（三）施　肥

为了让根系创造良好生长条件，1 ~5 年生树在每年秋末冬初进行一次环状施肥（见图 11–16），以扩大树盘，改良土壤结构。施肥时沿树冠外缘，挖出深 35 ~40cm，宽 35cm 的环状施肥沟，每株施厩肥 20 ~40kg，复合肥 0.2 ~ 0.5kg，0.5 ~1.0kg 的普钙。其施肥量随树龄的增加而加大。5 年生后的树，则在秋末冬初以放射状、条状或穴状的方式施基肥。在其树冠边缘的不同方位挖长 50cm，深 35 ~40cm，宽 35cm 施肥坑，6 年生树挖 5 ~6 个坑。每株施厩肥 60kg，复合肥 0.5 ~1.0kg，普钙 1 ~1.5kg。以后随树体长大，挖坑和施肥数量亦逐渐增多。

图 11–16　环状施肥

（四）浇　水

云南省11月至翌年5月为旱季，根据种植园土壤的水分状况，每年1～5月对其植株浇水3次。

三、高接换种

在薄壳山核桃品种改良、引进新品种的高接鉴定和进行授粉树配置时常采用高接换种技术。

（一）嫁接时间和方法

高接换种的嫁接成活率高低与嫁接时间有很大关系。嫁接时间早，气温低，伤流严重，成活差。薄壳山核桃树高接换种的嫁接时间掌握在芽膨大、刚展叶时为好。能剥开树皮的采用插皮接，不易剥离的采用切接。插皮接的接穗长一般在15cm左右，削口长8cm，接口上部留1～2个饱满芽。高头换接接口大，应将接口断面用薄膜包严，也可采用蓄热保湿措施，使其尽快产生愈伤组织。

（二）伤流控制

1. 留拉水枝

高头换接时一般都要选留长度高于嫁接口的枝条作为拉水枝，以保证接口的水分供应。留拉水枝的数量由接头数多少而定，一般原则是接头数多就多留，少则少留。留拉水枝的作用不仅为嫁接口提供水分，而且通过其发芽和展叶消耗水分以减轻接口的伤流。高头换接的树体大，根系多且发达，嫁接后遇到寒冷天气就产生大量伤流，使接口缺氧而影响嫁接的成活。

2. 树干刻伤

在树干上用刀斜砍出螺旋状的伤口，使上升的树液在嫁接口下部流走，避免接口大量积水。

3. 接口处安放引流棍

为了排出接口的积水，在包扎时顺便在接口下端安放一根细木棍（或竹棍等）引出其内的积水，使接口保持湿润。

（三）嫁接后管理

嫁接后砧木上会萌发大量新梢，要适时抹芽，否则会影响穗条的萌发和生长。当新梢长到60cm后，要对新梢进行捆扎固定，适当疏除过多的枝叶，以避免风折。

四、间　作

果园间作方式多种多样，常用的有果粮、果苗、果菜、果药间作等，可因地制宜地采用。薄壳山核桃对光敏感，种植前5年，其种植园地只能间作矮秆作物，如花生（见图11-17）、旱稻、姜、豌豆、蚕豆、绿肥等。也可在园地内育核桃苗、板栗苗等。5年生后，其树高已达4m以上可以间种高秆作物苞谷、高粱等。云南省薄壳山核桃种植园的间作方式还有果果间作，如在其果园地内种植柑橘（见图11-18），产量大，效益快。因该树种的根系不会分泌有害物质，故可作为茶园和咖啡园的遮阴树种。

图11-17　与花生间作

图11-18　与柑橘套种

第六节　主要病虫害及防治方法

在云南省危害薄壳山核桃的病虫害种类有100多种，其中危害严重的种类有木蠹蛾（*Cossus* spp.）、天牛、吉丁虫（*Agrilu* sp.）、桃蛀螟（*Dichocrocispunetiferalis guenee*）、卷叶蛾（*Mellissopus* sp.）、金龟子、刺蛾、叶蝉（*Tettigoniella* sp.）、叶斑病等，现择其重要的种类介绍如下：

一、危害干枝的害虫

（一）木蠹蛾

1. 危害特征

种类众多，其幼虫危害薄壳山核桃树的干枝及果柄。在其树干和枝条的木质部和树皮间危害，排出褐色的虫粪和木屑，并有褐色液体流出。树干遭危害后，树势衰弱，导致果实产量下降，甚至整株枯死。树枝受该虫危害后，叶变黄，遇大风而折枝。

2. 防治方法

（1）发现危害时，可用棉球蘸氧化乐果等农药塞入虫孔口（排粪口），再用泥土封住虫孔口以毒杀木蠹蛾幼虫。

（2）用40%乐果乳剂25倍液用注射器注入虫道，用湿土封虫孔杀死幼虫。

（3）发现枝上的叶子变黄，立即摘枝烧死幼虫。

（4）树干涂白：防止成虫产卵。

（5）在幼果期喷洒40%乐果乳剂1000倍液农药防治幼虫危害。

（6）6～7月，从树干到根部喷洒50%硫磷乳剂400～500倍液，每 15 天喷 1 次共 2 ~ 3 次，毒杀木蠹蛾的初孵幼虫。

（二）天　牛

天牛是目前危害薄壳山核桃树最严重的一种害虫。其危害种类已发现 6 种，其中云斑天牛（见图 11–19）和旋枝天牛幼虫环树干和枝条蛀食一圈，使其树体或枝条枯死。天牛幼虫蛀食其树的皮层和木质部，排出褐色粪便和粗木屑。受害后树势衰弱，甚至枯死。对天牛幼虫的防治方法基本与防治木蠹蛾幼虫相同。

图 11–19　云斑天牛

（三）吉丁虫

其幼虫在薄壳山核桃枝干的皮层中螺旋状取食或蛀食一圈，排出褐色的虫粪和细木屑，流出褐色液体。其树木遭危害后，树势很快衰弱，果实产量大减，其质量极差。枝条遭此虫危害后叶黄，不能结果。防治方法与防木蠹蛾相同。

此三类害虫中，以木蠹蛾及天牛对薄壳山核桃树危害最为严重，其危害率达 80% 以上。若掏开孔口检查枝枯叶黄的受害薄壳山核桃树，可见其树干和枝条有蛀食虫道达一圈或 1/2、1/3 圈，造成树体养分输送困难，树势衰退或死亡，甚至造成整个种植园经营的失败，可以说此两种虫害会给薄壳山核桃种植园带来毁灭性的打击。故要认真防治，经常防治，年年防治。6～8 月是其虫危害的高发期，要经常检查树冠下和树干下有无虫便，若发现虫粪，要及时找到虫孔防治。在其树干或粗枝上若发现被危害虫道达一圈或 2/3 圈时，此时树势已极为衰弱，除防虫救治外，还可采用桥接的方法来恢复树势。据试验，利用虫道下部萌发出的新枝，在其树皮离皮时（4～7 月），在虫道上部垂直划一刀把树皮撬起，将萌生枝条按靠到撬起树皮处，量出与它相同的长度，从上部剪去萌枝多余的部分，然后在其萌枝面对树干的一面削出一接口，接口长 5cm 以上，枝条削好后按靠插至撬起的树皮内使之与树干的形成层相接，然后用绳子绑紧（若绑不紧可用小钉子钉紧）。其桥接的要求是一定要将萌枝的削口与树干的木质部紧接，决不能有空隙。绑好后用薄膜将接口、虫道全部包严，使之不透气。20 天后其桥接部位产生愈伤组织树液沟通，由此树势逐渐恢复。到第 2 年树叶颜色变为深绿色，树体也长高长粗，果实产量亦会增加。5～6 年后桥接的枝条已包入树干不见，伤口全部愈合，树体进入正常的生长结实状态。

二、危害果实的害虫

（一）危害特征

危害薄壳山核桃果实的害虫主要是桃蛀螟，以其幼虫危害果实。桃蛀螟产在果和果柄上的卵孵化成幼虫后蛀入果内，外表留有蛀孔。果实受害后，多从蛀孔流出黄褐色透明胶汁，常与其排出的黑褐色粪便混在一起，黏附于果面，容易识别。该幼虫在果内将果仁吃光，使果内充满粪便，老熟后在果内或果柄相接处结白茧化蛹。成虫羽化后转移到其他果树或农作物上。

（二）防治方法

（1）刮树皮，清除残枝落叶，以减少桃蛀螟的越冬幼虫。

（2）用黑光灯、糖醋液诱杀成虫。

（3）摘除虫果，集中处理，以消灭果内的幼虫。

（4）6～9 月每月喷施 40% 乐果乳剂 1000 倍液等农药一次毒杀其卵及幼虫。

三、危害树叶的害虫

（一）刺　蛾

1. 危害特征

有黄刺蛾（*Cnidocampa flauescens* Walker，见图 11-20）、扁刺蛾（*Thosea sinenosis* Walker）、褐边绿刺蛾（*Parasa consocia* Walker）多种。俗称青叮子、洋辣子。幼虫将薄壳山核桃树的叶片吃成很多孔洞，缺刻或仅留叶柄及主脉，危害严重时影响树势和果产量。

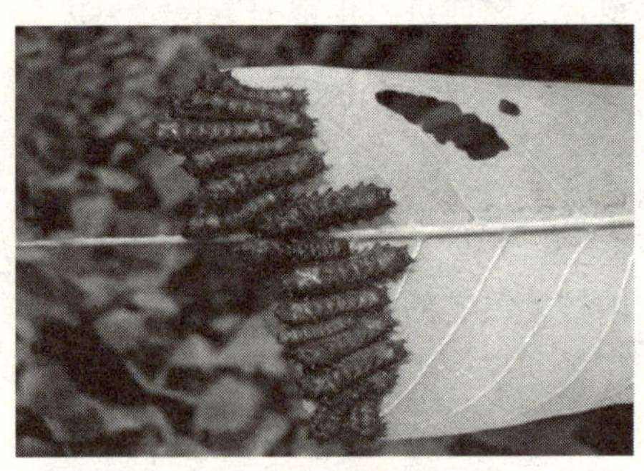

图 11-20　黄刺蛾

2. **防治方法**

（1）用石硫合剂刷涂树干，以防刺蛾幼虫从其树干上通行而转移危害。

（2）在树冠上喷施氧化乐果乳液杀虫，消灭其茧壳。

（二）金龟子

1. **危害特征**

危害薄壳山核桃树叶的金龟子种类较多，主要是铜绿金龟子（*Anomala corpuienta* Motsch），见图11－21。其成虫食叶，而幼虫（蛴螬）危害苗木根部。

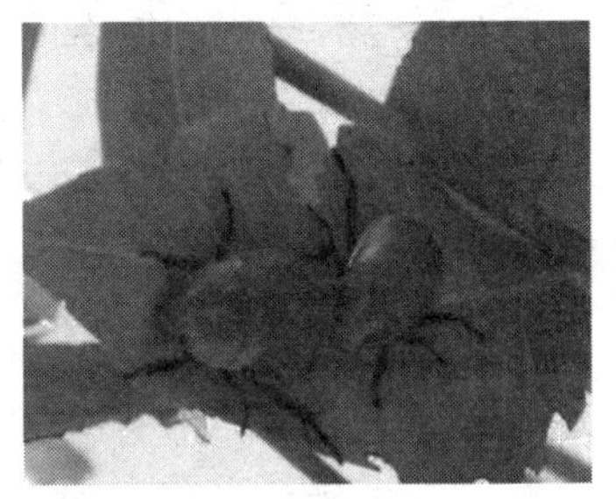

图11-21　铜绿金龟子

2. **防治方法**

（1）利用其假死性，进行人工防治。于傍晚敲树振虫，树下用塑料布收集害虫集中消灭。

（2）虫害严重时用药物防治，在树冠上喷洒40%氧化乐果乳油1000～1500倍液。

（3）利用成虫的趋光性，用黑光灯诱杀。

（4）用50%辛硫磷乳油100g拌种50kg，或拌1kg炉渣后，将制成的5%毒砂随种撒入播种沟内毒杀其幼虫。

四、病　害

薄壳山核桃树的病害主要有叶斑病。病原是一种弱的寄生菌，其树体的病害症状是在叶片的正面出现黄色斑点，仲夏前后（7月），在叶背面能发现黑色丘疹状物，为该菌的子实体。而后，形成孢子，由水传播。有时连在一起在叶片上形成大斑。此种病害不会对其种植园构成威胁。防治方法：冬季结合清园，扫除枯枝叶减少病源。春季在其树的抽梢期喷射叶枯青 1000 倍液或 1∶0.5∶100 的波尔多液 1～2 次。

第七节　采收处理与贮藏

一、果实的采收

（一）采收期的确定

当薄壳山核桃树的果实青皮由绿转黄达成熟时，果实开裂（见图 11-22）比例达 60% 左右时即可进行采收。如延迟采收，果壳和种仁会变色。薄壳山核桃果实的成熟期因品种而异。早熟品种的果实成熟时间为 9 月下旬，有抛尼、卡多；中熟品种的果熟期为 10 月中旬，如金华、绍兴；晚熟品种的果熟期为 11 月上旬，如长林 13 号。

图 11-22　果实开裂

（二）采收方式

美国用振荡机械震落其坚果，然后用坚果收获机收集，再用清选机把坚果与果皮、叶片、小枝和其他杂物分离后进行烘干，分级包装贮藏。云南省目前用人工上树采摘，或用实心竹竿敲打果枝震落坚果而捡拾的方法采收其果。薄壳山核桃的坚果颜色为黄褐色，果小，落地后与土色相混，不易捡拾干净。采收前应将树下杂草铲净，在其树冠下铺上彩条塑料布（见图11-23）或厚塑料布以接收从树上抖落下的带有果皮、枝叶的坚果，捡出坚果集中装袋。将不开裂的果实集中堆放5～6天后捏果，能裂开果皮的果是成熟的果，剥出坚果。除去捏不开的不饱满和空瘪的果实。其坚果要分品种装袋，不要混杂。

图11-23 利用彩色塑料布收集果实

二、果实的调制与贮存

（一）果实分级

美国农业部将薄壳山核桃的种仁分为5级，分别为一类半仁级、商业半仁级、一类碎仁级、商业碎仁级和次类碎仁级。但实际应用困难，收购商常依据坚果大小、种仁大小、饱满度、出仁率、食味等将其种仁分为特级（最高级）、优级（选择级）、琥珀级（最低级）3个级。与云南省的核桃仁分头路1/2仁、二路1/4仁、碎仁三个等级相同。

（二）果实干燥

刚采下的薄壳山核桃坚果含水率高达20%～25%，除留作种子用外，其他的坚果要尽快除去水分，以保证坚果的风味，颜色和品质，防止发霉变质造成损失。薄壳山核桃目前通常采用自然日晒干燥法，但若坚果在烈日下暴晒脱水，种壳容易炸裂，而种仁容易变质，因此其坚果晾晒脱水时要罩上遮阳网。经晾晒的坚果，种仁颜色为浅黄白色，美观质好；阴干的坚果种仁为深黄色质稍差。坚果晾晒后含水率降至4%左右时，凉后可装袋收藏。袋上拴上标签，注明品种、数量、产地、贮藏日期等。

（三）果实贮存

在常温下，薄壳山核桃的坚果放置在阴冷干燥的室内半年不会变坏。但薄壳山核桃的坚果含不饱和脂肪酸90%以上，容易被氧化，贮藏期温度过高则坚果的呼吸作用增强，养分消耗增加，所含脂肪酸的氧化过程加快，而降低坚果品质。因此坚果要在低温干燥的条件下贮藏，温度越低贮藏时间越长。但制冷成本高。一般坚果晾干后装袋放在4℃的冷库内贮藏。

参考文献

[1] 方文亮编著．云南核桃．2010.

[2] 云南省林业厅，云南省林业科学院编著．云南核桃栽培管理技术手册．2008.

[3] 陆斌，宁德鲁，韩明跃，方文亮主编．首届中国核桃大会论文集．昆明：云南科技出版社，2008.

[4] 方文亮．云南核桃栽培技术．云南林业，2013（1）．

[5] 方文亮．云南核桃经营管理技术．云南林业，2013（2）．

[6] 方文亮．种好高原“摇钱树”——云南核桃．云南林业，2012（6）．

[7] 方文亮，董润泉，王定，等．核桃高效嫁接技术．经济林研究，1995，13（1）．

[8] 方文亮，杨振邦．核桃室内嫁接埋藏试验初报．云南林业科技通讯，1980（1）．

[9] 方文亮，范志远，习学良，等．云新 90301 等 3 个杂交优良早实核桃新品种的选育．西部林业科学，2005（1）．

[10] 方文亮，王定，董润泉，等．核桃蓄热保湿嫁接方法的研究．云南林业科技，1994（1）．

[11] 宁德鲁．云南核桃低产成因分析及增产增效途径．首届中国核桃大会论文集．昆明：云南科技出版社，2008.

[12] 赵廷松，方文亮，王茹云．铁核桃大树改接核桃杂交新品种及优质高产技术．云南农业科技，2002（1）．

[13] 李冰，樊金拴，李红娟．我国核桃产业现状及发展对策．防护林科技，2012（1）．

[14] 冯莲芬，吕芳德，等. 我国核桃育种及其栽培技术研究进展. 经济林研究，2006，24（2）.

[15] 沈国舫编著. 森林培育学. 北京：中国林业出版社，2001.

[16] 杨源. 核桃丰产栽培技术. 昆明：云南科技出版社，2002.